C.H.BECK ■ WISSEN

Der Klimawandel ist – nicht zuletzt nach der einzigartigen Serie verheerender Wetterextreme seit der Jahrtausendwende – in aller Munde. Angesichts seiner einschneidenden und globalen Bedeutung für Natur und Zivilisation ist das kein Wunder. Doch was ist eigentlich unter Klimawandel zu verstehen, und welche Faktoren sind für das Klima verantwortlich? Zwei international anerkannte Klima-Experten geben einen kompakten und verständlichen Überblick über den derzeitigen Stand unseres Wissens und zeigen Lösungswege auf.

Stefan Rahmstorf leitet die Abteilung Erdsystemanalyse am Potsdam-Institut für Klimafolgenforschung, ist Professor für Physik der Ozeane an der Universität Potsdam und beriet acht Jahre lang die Bundesregierung als Mitglied des Wissenschaftlichen Beirats Globale Umweltveränderungen (WBGU).

Hans Joachim Schellnhuber ist Gründer und emeritierter Direktor des Potsdam-Instituts für Klimafolgenforschung. Er ist Mitglied des WBGU und verschiedener Akademien, zum Beispiel der Päpstlichen Akademie der Wissenschaften.

Stefan Rahmstorf
Hans Joachim Schellnhuber

DER KLIMAWANDEL

Diagnose, Prognose, Therapie

C.H.Beck

Mit 21 Abbildungen und 1 Tabelle

1. Auflage. 2006
2., durchgesehene Auflage. 2006
3., aktualisierte Auflage. 2006
4. Auflage. 2007
5., aktualisierte Auflage. 2007
6. Auflage. 2007
7., vollständig überarbeitete und aktualisierte Auflage. 2012

8., vollständig überarbeitete und aktualisierte Auflage. 2018

Originalausgabe
© Verlag C.H.Beck oHG, München 2006
Satz: Fotosatz Amann, Memmingen
Druck und Bindung: Druckerei C.H.Beck, Nördlingen
Umschlagentwurf: Uwe Göbel, München
Printed in Germany
ISBN 978 3 406 72672 9

www.chbeck.de

Inhalt

Einleitung	7

1. Aus der Klimageschichte lernen 9

Klimaarchive	9
Was bestimmt das Klima?	12
Die Frühgeschichte der Erde	14
Klimawandel über Jahrmillionen	17
Eine plötzliche Warmphase	18
Die Eiszeitzyklen	20
Abrupte Klimawechsel	23
Das Klima des Holozän	25
Einige Folgerungen	28

2. Die globale Erwärmung 29

Etwas Geschichte	29
Der Treibhauseffekt	30
Der Anstieg der Treibhausgaskonzentration	32
Der Anstieg der Temperatur	36
Die Ursachen der Erwärmung	38
Die Klimasensitivität	41
Projektionen für die Zukunft	45
Wie sicher sind die Aussagen?	49
Zusammenfassung	51

3. Die Folgen des Klimawandels 53

Der Gletscherschwund	55
Rückgang des polaren Meereises	57
Tauen des Permafrosts	58
Die Eisschilde in Grönland und der Antarktis	59
Der Anstieg des Meeresspiegels	61
Änderung der Meeresströmungen	65

Wetterextreme	68
Auswirkungen auf Ökosysteme	72
Landwirtschaft und Ernährungssicherheit	74
Ausbreitung von Krankheiten	76
Zusammenfassung	77

4. Klimawandel in der öffentlichen Diskussion 79

Die Klimadiskussion in den USA	80
Die Lobby der «Klimaskeptiker»	82
Zuverlässige Informationsquellen	83
Zusammenfassung	86

5. Die Lösung des Klimaproblems 88

Vermeiden, Anpassen oder Ignorieren?	88
Gibt es den optimalen Klimawandel?	91
Globale Zielvorgaben	95
Der Gestaltungsraum für Klimalösungen	98
Das Kyoto-Protokoll	98
Der WBGU-Pfad zur Nachhaltigkeit	101
Anpassungsversuche	109
Die Koalition der Freiwilligen oder «Leading by Example»	115
Der Pariser Klimavertrag	119

| Epilog: Der Geist in der Flasche | 132 |

Quellen und Anmerkungen	135
Literaturempfehlungen	143
Sachregister	143

Einleitung

Der Klimawandel ist kein rein akademisches Problem, sondern hat große und handfeste Auswirkungen auf die Menschen – für viele ist er sogar eine Bedrohung für Leib und Leben (siehe Kap. 3). Gegenmaßnahmen erfordern erhebliche Investitionen. Deshalb ist es noch wichtiger als in den meisten anderen Bereichen der Wissenschaft, immer wieder die Belastbarkeit der gegenwärtigen Kenntnisse zu hinterfragen und die verbleibenden Unsicherheiten zu beleuchten. Fragen wir daher, worauf die Erkenntnisse der Klimatologen beruhen.

Viele Menschen glauben, dass die Bedrohung durch den globalen Klimawandel eine theoretische Möglichkeit ist, die sich aus unsicheren Modellberechnungen ergibt. Gegenüber solchen Modellrechnungen haben sie ein verständliches Misstrauen – schließlich ist ein Klimamodell für den Laien undurchschaubar und seine Verlässlichkeit kaum einzuschätzen. Manch einer glaubt gar, wenn die Computermodelle fehlerhaft sind, dann gibt es vielleicht gar keinen Grund zur Sorge über den Klimawandel.

Dies trifft jedoch nicht zu. Die wesentlichen Folgerungen über den Klimawandel beruhen auf Messdaten und elementarem physikalischen Verständnis. Modelle sind wichtig und erlauben es, viele Aspekte des Klimawandels detailliert durchzurechnen. Doch auch wenn es gar keine Klimamodelle gäbe, würden Klimatologen vor dem anthropogenen Klimawandel warnen.

Der Anstieg der Treibhausgase in der Atmosphäre ist eine gemessene Tatsache, die selbst Skeptiker nicht anzweifeln. Auch die Tatsache, dass der Mensch dafür verantwortlich ist, ergibt sich unmittelbar aus Daten – aus den Daten unserer Nutzung der fossilen Energien – und unabhängig davon nochmals aus Isotopenmessungen. Wie außerordentlich dieser Anstieg ist, zeigen die Daten aus den antarktischen Eisbohrkernen – niemals zumindest seit fast einer Million Jahre war die CO_2-Konzentration auch nur annähernd so hoch, wie sie in den letzten hundert Jahren geklettert ist.

Die erwärmende Wirkung des CO_2 auf das Klima wiederum ist seit mehr als hundert Jahren akzeptierte Wissenschaft. Die Strahlungswirkung des CO_2 ist im Labor vermessen, der Strahlungstransfer in der Atmosphäre ein bestens bekannter, ständig bei Satellitenmessungen verwendeter Aspekt der Physik. Die durch den Treibhauseffekt erwartete Zunahme der an der Erdoberfläche ankommenden langwelligen Strahlung wurde 2004 durch Messungen des Schweizer Strahlungsmessnetzes belegt.[1] Über die Störung des Strahlungshaushaltes unseres Planeten durch den Menschen kann es daher – man möchte hinzufügen: leider – keinen Zweifel geben.

Entscheidend ist letztlich die Frage: Wie stark reagiert das Klimasystem auf diese Störung des Strahlungshaushaltes? Modelle sind hier sehr hilfreich. Arrhenius hat jedoch 1896 gezeigt, dass man dies auch mit Papier und Bleistift abschätzen kann,[2] und die antarktischen Eiskerne erlauben eine davon unabhängige Abschätzung mittels Regressionsanalyse direkt aus Daten.[3] Auch die frühere Klimageschichte deutet, wie wir sehen werden, auf eine stark klimaverändernde Wirkung des CO_2 hin.

Auch die Tatsache, dass das Klima sich derzeit bereits verändert, ergibt sich direkt aus Messungen – die Jahre 2016, 2017 und 2015 waren laut der meteorologischen Weltorganisation WMO in Genf die drei global wärmsten seit Beginn der Aufzeichnungen im 19. Jahrhundert. Die Gletscher gehen weltweit zurück (siehe Kap. 3), und Proxy-Daten zeigen, dass das Klima im ersten Jahrzehnt des 21. Jahrhunderts wahrscheinlich so warm war wie nie zuvor seit mindestens tausend Jahren.

Ohne detaillierte Klimamodelle wären wir etwas weniger sicher, und wir könnten die Folgen weniger gut abschätzen – aber auch ohne diese Modelle würde alle Evidenz sehr stark darauf hindeuten, dass der Mensch durch seine Emissionen von CO_2 und anderen Gasen im Begriff ist, das Klima einschneidend zu verändern.

1. Aus der Klimageschichte lernen

Das Klima unseres Heimatplaneten hat immer wieder spektakuläre Wandlungen durchgemacht. In der Kreidezeit (vor 140 bis 65 Millionen Jahren) stapften selbst in arktischen Breiten riesige Saurier durch subtropische Vegetation, und der CO_2-Gehalt der Atmosphäre war ein Vielfaches höher als heute. Dann kühlte sich die Erde langsam ab und pendelt nun seit zwei bis drei Millionen Jahren regelmäßig zwischen Eiszeiten und Warmzeiten hin und her. In den Eiszeiten drangen gigantische Gletscher bis weit nach Deutschland hinein vor, und unsere Vorfahren teilten sich die eisige Steppe mit dem pelzigen Mammut. Mitten in der jetzigen Warmzeit, dem seit 10 000 Jahren herrschenden Holozän, trocknete plötzlich die Sahara aus und wurde zur Wüste.

Nur vor dem Hintergrund der dramatischen Klimaveränderungen der Erdgeschichte lässt sich der gegenwärtige Klimawandel verstehen und einordnen. Ist er durch den Menschen wesentlich mit verursacht, oder ist er Teil natürlicher Klimazyklen? Zur Beantwortung dieser Frage brauchen wir ein Grundverständnis der Klimageschichte. Wir beginnen das Buch deshalb mit einer Zeitreise. In diesem Kapitel diskutieren wir, wie sich das Klima auf unterschiedlichen Zeitskalen entwickelt hat: von Hunderten von Jahrmillionen bis zu den abrupten Klimasprüngen, die in jüngster Zeit die Klimaforscher beschäftigen. Vor allem wird uns dabei interessieren, welche Kräfte für die Klimaänderungen verantwortlich sind und was sich aus der Reaktion des Klimasystems in der Vergangenheit lernen lässt.

Klimaarchive

Woher wissen wir überhaupt etwas über das Klima vergangener Epochen? Manche Zeugen früherer Klimawechsel stehen unübersehbar in der Landschaft – zum Beispiel die Endmoränen

1. Aus der Klimageschichte lernen

längst abgeschmolzener Gletscher. Das meiste Wissen über die Geschichte des Erdklimas ist jedoch das Ergebnis einer mühsamen Detektivarbeit mit ständig verfeinerten Methoden. Wo immer sich etwas über längere Zeiträume ablagert oder aufbaut – seien es Sedimente am Meeresgrund, Schneeschichten auf Gletschern, Stalaktiten in Höhlen oder Wachstumsringe in Korallen und Bäumen –, finden Forscher Möglichkeiten und Methoden, daraus Klimadaten zu gewinnen. Sie bohren jahrelang durch das massive Grönlandeis bis zum Felsgrund oder ziehen aus tausenden Metern Wassertiefe Sedimentkerne, sie analysieren mit empfindlichsten Messgeräten die Isotopenzusammensetzung von Schnee oder bestimmen und zählen in monatelanger Fleißarbeit unter dem Mikroskop winzige Kalkschalen und Pflanzenpollen.[4]

Am Beispiel der Eisbohrkerne lässt sich das Grundprinzip gut verstehen. Gigantische Gletscher, Eispanzer von mehreren tausend Metern Dicke, haben sich in Grönland und der Antarktis gebildet, weil dort Schnee fällt, der aufgrund der Kälte aber nicht wieder abtaut. So wachsen die Schneelagen immer mehr in die Höhe; der ältere Schnee darunter wird durch das Gewicht der neuen Schneelast zu Eis zusammengepresst. Im Laufe der Jahrtausende stellt sich ein Gleichgewicht ein: Die Eismasse wächst nicht mehr in die Höhe, weil das Eis zu den Rändern hin und nach unten abzufließen beginnt. Im Gleichgewicht wird jährlich genauso viel Eis neu gebildet wie an den Rändern abschmilzt. Letzteres geschieht entweder an Land, wenn das Eis in niedrigere und damit wärmere Höhenlagen hinuntergeflossen ist – dies ist bei Gebirgsgletschern der Fall und auch typisch für den grönländischen Eisschild. Oder es geschieht, indem das Eis bis ins Meer fließt, dort ein schwimmendes Eisschelf bildet und von unten durch wärmeres Seewasser abgeschmolzen wird – so geschieht es um die Antarktis herum.

Bohrt man einen solchen Eisschild an, dann findet man mit zunehmender Tiefe immer älteres Eis. Wenn die Schneefallmengen groß genug sind und einen deutlichen Jahresgang haben (wie in Grönland, wo durch den Schneefall jährlich eine 20 Zentimeter dicke neue Eisschicht entsteht), kann man sogar einzelne Jahresschichten erkennen. Denn in der Saison mit wenig Schneefall lagert sich Staub auf dem Eisschild ab, und es entsteht eine dunklere Schicht, während in der schneereichen Jahreszeit eine hellere Lage entsteht. Diese Jahresschichten kann man abzählen – dies ist die genaueste Datierungsmethode für das Eis.[5] In Grönland reicht das Eis ca. 120 000 Jahre in die Vergangenheit zurück. In der Antarktis, wo das Klima trockener und damit die Schneefallrate gering ist, hat das Europäische EPICA-Projekt im Jahr 2003 sogar über 800 000 Jahre altes Eis geborgen.[6]

An dem Eis kann man eine Vielzahl von Parametern messen. Einer der wichtigsten ist der Gehalt an Sauerstoff-Isotop 18. Bei vielen physikalischen, chemischen oder biologischen Prozessen findet eine so genannte Fraktionierung statt: Sie laufen für verschiedene Isotope unterschiedlich schnell ab. So verdunsten Wassermoleküle mit dem «normalen» Sauerstoff-16 schneller als die etwas schwereren mit Sauerstoff-18. Die Fraktionierung ist dabei abhängig von der Temperatur. Dies gilt auch für die Fraktionierung bei der Bildung von Schneekristallen – deshalb hängt der Gehalt an Sauerstoff-18 im Schnee von der Temperatur ab. Nach einer geeigneten Eichung kann man den Sauerstoff-18-Gehalt im Eisbohrkern als ein annäherndes Maß (als so genanntes Proxy) für die Temperatur zur Zeit der Entstehung des Schnees nehmen.

Andere wichtige Größen, die im Eis gemessen werden können, sind der Staubgehalt und die Zusammensetzung der in kleinen Bläschen im Eis eingeschlossenen Luft – so verfügt man sogar über Proben der damaligen Atmosphäre. Man kann daran den früheren Gehalt an Kohlendioxid, Methan und anderen Gasen bestimmen. Zu Recht berühmt ist der in den achtziger und neunziger Jahren in der Antarktis gebohrte französisch-russische Wostok-Eiskern,[7] mit dem erstmals eine genaue Geschichte des Temperaturverlaufs und der atmosphärischen CO_2-Konzentration der letzten 420 000 Jahre gewonnen wurde (Abb. 1.1).

Aus den verschiedenen Klimaarchiven werden mit einer Vielzahl von Verfahren ganz unterschiedliche Proxy-Daten gewonnen. Manche davon geben Auskunft über die Eismenge auf der Erde, über den Salzgehalt der Meere oder über Niederschlagsmengen. Diese Proxy-Daten haben unterschiedliche Stärken

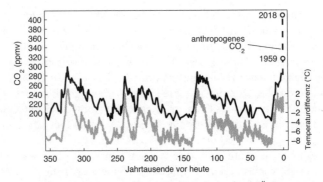

Abb. 1.1: Verlauf der Temperatur in der Antarktis (graue Kurve, Änderung relativ zu heute) und der CO_2-Konzentration der Atmosphäre (schwarze Kurve) über die abgelaufenen 350 000 Jahre aus dem Wostok-Eiskern.[7] Man erkennt drei Eiszeitzyklen. Am Ende ist der vom Menschen verursachte Anstieg des CO_2 gezeigt.

und Schwächen – so ist etwa bei Tiefseesedimenten die zeitliche Auflösung in der Regel deutlich geringer als bei Eiskernen, dafür reichen die Daten aber viel weiter zurück, bis zu Hunderten von Millionen Jahren. Bei vielen Proxies gibt es noch Probleme mit der genauen Datierung und Unsicherheiten in der Interpretation. Aus einer einzelnen Datenreihe sollten daher nicht zu weit reichende Schlüsse gezogen werden; erst wenn Ergebnisse durch mehrere unabhängige Datensätze und Verfahren bestätigt wurden, können sie als belastbar gelten. In ihrer Gesamtheit betrachtet liefern Proxy-Daten heute jedoch bereits ein erstaunlich gutes und detailliertes Bild der Klimageschichte.

Was bestimmt das Klima?

Unser Klima ist im globalen Mittel das Ergebnis einer einfachen Energiebilanz: Die von der Erde ins All abgestrahlte Wärmestrahlung muss die absorbierte Sonnenstrahlung im Mittel ausgleichen. Wenn dies nicht der Fall ist, ändert sich das Klima. Würde etwa mehr absorbiert als abgestrahlt, würde das Klima immer wärmer, so lange, bis die dadurch zunehmende Wärmestrahlung die ankommende Strahlung wieder ausgleicht und

Was bestimmt das Klima?

sich ein neues Gleichgewicht einstellt. Es gilt also ein einfacher Erhaltungssatz der Energie: Die auf der Erde ankommende Sonnenstrahlung abzüglich des reflektierten Anteils ist gleich der von der Erde abgestrahlten Wärmestrahlung. (Die durch Pflanzen zur Photosynthese «abgezweigte» Energie, der Wärmefluss aus dem Erdinnern und die vom Menschen freigesetzte Verbrennungswärme sind hier vernachlässigbar.) Ozean und Atmosphäre verteilen die Wärme innerhalb des Klimasystems und spielen für das regionale Klima eine wichtige Rolle.

Klimaänderungen sind die Folge von Änderungen in dieser Energiebilanz. Dafür gibt es drei grundsätzliche Möglichkeiten. Erstens kann die ankommende Sonnenstrahlung durch Änderungen in der Umlaufbahn um die Sonne oder in der Sonne selbst variieren. Zweitens kann der ins All zurückgespiegelte Anteil sich ändern. Diese so genannte Albedo beträgt im heutigen Klima 30%. Sie hängt von der Bewölkung und der Helligkeit der Erdoberfläche ab, also von Eisbedeckung, Landnutzung und Verteilung der Kontinente. Und drittens wird die abgehende Wärmestrahlung durch den Gehalt der Atmosphäre an absorbierenden Gasen (oft Treibhausgase genannt) und Aerosolen (also Partikeln in der Luft) beeinflusst – siehe Kapitel 2. All diese Möglichkeiten spielen beim Auf und Ab der Klimageschichte eine Rolle. Zu unterschiedlichen Zeiten dominieren dabei jeweils unterschiedliche Faktoren – welcher Einfluss für einen bestimmten Klimawandel verantwortlich ist, muss also von Fall zu Fall untersucht werden. Eine allgemeine Antwort – etwa dass generell entweder die Sonne oder das CO_2 Klimaveränderungen bestimmt – ist nicht möglich.

Zum Glück ist die Berechnung von Klimagrößen (also Mittelwerten) einfacher als die Wettervorhersage, denn Wetter ist stochastisch und wird stark durch Zufallsschwankungen geprägt, das Klima dagegen kaum. Stellen wir uns einen Topf mit brodelnd kochendem Wasser vor: Wettervorhersage gleicht dem Versuch zu berechnen, wo die nächste Blase aufsteigen wird. Eine «Klimaaussage» wäre dagegen, dass die mittlere Temperatur kochenden Wassers bei Normaldruck 100 °C beträgt, im Gebirge auf 2500 Meter Höhe durch den geringeren Luftdruck (also bei veränderten Randbedingungen) dagegen nur 90 °C. Aus diesem Grund ist das quantitative Verständnis vergangener Klimaänderungen (oder die Berechnung von Zukunftsszenarien) kein aussichtsloses Unterfangen, und es wurden in den vergangenen Jahrzehnten große Fortschritte auf diesem Gebiet erzielt.

Die Frühgeschichte der Erde

Vor 4,5 Milliarden Jahren entstand aus einem interstellaren Nebel am Rande der Milchstraße unser Sonnensystem, einschließlich der Erde. Die Sonne in seinem Zentrum ist eine Art Fusionsreaktor: Die Energie, die sie abstrahlt, entspringt einer Kernreaktion, bei der Wasserstoffkerne zu Helium verschmolzen werden. Die Entwicklungsgeschichte anderer Sterne und das physikalische Verständnis des Reaktionsprozesses zeigen, dass die Sonne sich dabei allmählich ausdehnt und immer heller strahlt. Wie bereits in den 1950er Jahren von Fred Hoyle berechnet wurde, muss die Sonne zu Beginn der Erdgeschichte 25 bis 30 % schwächer gestrahlt haben als heute.[8]

Eine Betrachtung der oben erläuterten Energiebilanz zeigt, dass bei derart schwacher Sonne das Klima global ca. 20 °C kälter und damit deutlich unter dem Gefrierpunkt gewesen sein müsste, wenn die anderen Faktoren (Albedo, Treibhausgase) gleich geblieben wären. Die Albedo nimmt bei kälterem Klima allerdings deutlich zu, weil Eismassen sich ausdehnen – es wird also ein größerer Teil der Sonneneinstrahlung reflektiert. Außerdem nimmt der Gehalt der Atmosphäre an Wasserdampf, dem wichtigsten Treibhausgas, in einem kälteren Klima ab. Beide Faktoren hätten das frühe Klima noch kälter gemacht. Berechnungen zeigen, dass die Erde daher während der ersten 3 Milliarden Jahre ihrer Entwicklungsgeschichte komplett vereist gewesen sein müsste. Zahlreiche geologische Spuren belegen dagegen, dass während des größten Teils dieser Zeit fließendes Wasser vorhanden war. Dieser scheinbare Widerspruch ist als «faint young sun paradox» bekannt – das Paradoxon der schwachen jungen Sonne.

Wie lässt sich dieser Widerspruch auflösen? Wenn man die

Die Frühgeschichte der Erde

obigen Annahmen und Argumente akzeptiert, gibt es nur einen Ausweg: Der Treibhauseffekt (siehe Kap. 2) muss in der Frühgeschichte der Erde erheblich stärker gewesen sein, um die schwächere Sonneneinstrahlung auszugleichen.

Welche Gase könnten den stärkeren Treibhauseffekt verursacht haben? In Frage kommen vor allem Kohlendioxid und Methan.[8] Beide kamen in der frühen Erdatmosphäre wahrscheinlich in erheblich höherer Konzentration vor. Leider verfügen wir nicht über Proben der damaligen Luft (jenseits der Reichweite der Eisbohrkerne), sodass die Vorstellungen über die frühe Entwicklung der Erdatmosphäre stark auf Indizien und Modellannahmen beruhen. Klar ist jedoch: Beide Treibhausgase können das Problem lösen, ohne dass man unplausible Annahmen über die Konzentration machen müsste. Andererseits ist es kaum wahrscheinlich, dass die Treibhausgase durch Zufall über Jahrmilliarden gerade im richtigen Maße abgenommen haben, um die Zunahme der Sonneneinstrahlung auszugleichen.

Eine befriedigendere Erklärung als der Zufall wäre ein globaler Regelkreis, der – ähnlich wie ein Heizungsthermostat – die Konzentration der Treibhausgase reguliert hat. Klimawissenschaftler haben gleich mehrere solcher Regelkreise ausfindig machen können. Der wichtigste beruht auf dem langfristigen Kohlenstoffkreislauf, der über Zeiträume von Jahrmillionen die Konzentration von Kohlendioxid in der Atmosphäre reguliert. Durch Verwitterung von Gestein an Land (hauptsächlich im Gebirge) wird CO_2 aus der Atmosphäre gebunden und gelangt durch Sedimentation teilweise in die Erdkruste. Gäbe es keinen gegenläufigen Mechanismus, würde auf diese Weise im Lauf der Jahrmillionen alles CO_2 aus der Atmosphäre verschwinden und ein lebensfeindliches eisiges Klima entstehen. Zum Glück gibt es aber auch einen Weg, auf dem das CO_2 wieder in die Atmosphäre zurück gelangen kann: Da die Kontinente driften, wird der Meeresgrund mit seiner Sedimentfracht an manchen Stellen ins Erdinnere gedrückt. Bei den dort herrschenden hohen Temperaturen und Drücken wird das CO_2 freigesetzt und entweicht durch Vulkane zurück in die Atmosphäre. Da die Verwitterungs-

16   1. Aus der Klimageschichte lernen

rate stark vom Klima abhängt, entsteht ein Regelkreis: Erwärmt sich das Klima, läuft auch die chemische Verwitterung schneller ab – dadurch wird CO_2 aus der Atmosphäre entfernt und einer weiteren Klimaerwärmung entgegengewirkt.

Dieser Mechanismus könnte erklären, weshalb sich das Klima trotz stark veränderter Sonnenhelligkeit nicht aus dem lebensfreundlichen Bereich bewegt hat.[8] Die Erdkruste (Gestein und Sedimente) enthält mit rund 66 Millionen Gigatonnen fast hunderttausendmal mehr Kohlenstoff als die Atmosphäre (gegenwärtig 870 Gigatonnen), sodass dieser Regelkreis über ein fast unbegrenztes Reservoir an Kohlenstoff verfügen kann. Allerdings kann er schnellere Klimaänderungen nicht abdämpfen, dafür ist der Austausch von CO_2 zwischen Erdkruste und Atmosphäre viel zu langsam.

Die oben erwähnte verstärkende Eis-Albedo-Rückkopplung dagegen wirkt schnell, und so wurden in den letzten Jahren Belege dafür gefunden, dass sie in der Erdgeschichte mehrmals zu einer Katastrophe geführt hat: zu einer fast kompletten Vereisung unseres Planeten.[9] Die letzte dieser «Snowball Earth» genannten Episoden fand vor etwa 600 Millionen Jahren statt. Die Kontinente waren selbst in den Tropen mit Eispanzern bedeckt, die Ozeane mit einer mehrere hundert Meter dicken Eisschicht. Am Ende half der Kohlendioxid-Regelkreis der Erde wieder aus dem tiefgefrorenen Zustand heraus: Die CO_2-Senke der Atmosphäre (nämlich die Verwitterung) kommt unter dem Eis zum Erliegen, die Quelle (Vulkanismus) aber bleibt bestehen. So steigt die CO_2-Konzentration der Atmosphäre im Lauf von Jahrmillionen unaufhaltsam um ein Vielfaches an (möglicherweise bis zu einer Konzentration von 10 %), bis der Treibhauseffekt so stark wird, dass er die Eismassen zu schmelzen vermag, obwohl sie den Großteil des Sonnenlichts reflektieren. Ist das Eis weg, kommt die Erde vom Gefrierschrank in einen Backofen: Die extrem hohe CO_2-Konzentration führt zu Temperaturen bis zu 50 °C, bis sie allmählich wieder abgebaut wird. Die geologischen Daten zeigen tatsächlich, dass auf die Schneeball-Episoden eine Phase großer Hitze folgte. Manche Biologen sehen in dieser Klimakatastrophe die Ursache für die dann fol-

gende Evolution der großen Vielfalt moderner Lebensformen –
bis dahin hatte für Jahrmilliarden lediglich primitiver Schleim
die Erde beherrscht.

Klimawandel über Jahrmillionen

Betrachten wir nun die Zeit nach diesen Katastrophen: die
letzte halbe Milliarde Jahre. Je mehr wir uns der Gegenwart nä-
hern, desto mehr Informationen haben wir über die Bedingungen auf der Erde. Über die letzten 500 Millionen Jahre ist die
Position von Kontinenten und Ozeanen bekannt, und aus Sedimenten lässt sich für diesen Zeitraum das Auf und Ab des Klimas
zumindest grob rekonstruieren. Kaltphasen mit Eisbedeckung
wechseln sich mit eisfreien warmen Klimaphasen ab.

Auch über den Verlauf der CO_2-Konzentration in der Atmosphäre gibt es für diesen Zeitraum Abschätzungen aus Daten
(Abb. 1.2). Man geht davon aus, dass diese Schwankungen im
CO_2-Gehalt der Atmosphäre durch den oben geschilderten
langsamen Kohlenstoffkreislauf verursacht werden. Denn die
Geschwindigkeiten, mit denen die Kontinente driften, sind nicht
konstant: In unregelmäßigen Abständen kollidieren Kontinente
miteinander und türmen dabei hohe Gebirge auf – dadurch
wird die Rate der Verwitterung stark beschleunigt. So kommt es
zu Schwankungen in der Rate, mit der CO_2 aus der Erdkruste in
die Atmosphäre freigesetzt und mit der es wieder aus der Atmosphäre entfernt wird. Dadurch variiert auch die Konzentration
von CO_2 in der Luft.

Die Daten zeigen zwei Phasen mit niedrigem CO_2-Gehalt: die
jüngere Klimageschichte der vergangenen Millionen Jahre und
einen Zeitraum vor etwa 300 Millionen Jahren. Ansonsten lag
der CO_2-Gehalt zumeist wesentlich höher, über 1000 ppm
(parts per Million). Abbildung 1.2 zeigt auch die Verbreitung
von Eis auf der Erde, die sich aus geologischen Spuren rekonstruieren lässt. Größere Eisvorkommen fallen dabei zusammen
mit Zeiten niedriger CO_2-Konzentration. Zu Zeiten hoher
CO_2-Konzentration war die Erde weitgehend eisfrei.

Eine solche warme Phase ist die Kreidezeit 140 bis 65 Millio-

1. Aus der Klimageschichte lernen

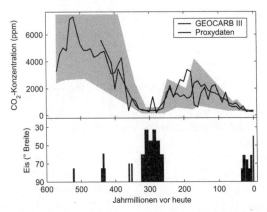

Abb. 1.2: Verlauf von CO_2-Konzentration und Klima über die abgelaufenen 600 Millionen Jahre. Die schwarze Kurve zeigt eine Rekonstruktion aus vier unabhängigen Typen von Proxy-Daten. Die graue Kurve (mit dem grauen Unsicherheitsbereich) ergibt sich aus einer Modellsimulation des Kohlenstoffkreislaufs. Der untere Teil der Grafik zeigt, als Hinweis auf das Klima, bis zu welchem Breitengrad Kontinental-Eis auf der Erde vorgedrungen ist. Phasen mit niedrigem CO_2-Gehalt der Atmosphäre fallen mit Vereisungsphasen zusammen. (Quelle: Royer et al. 2004[10])

nen Jahre vor heute. Damals lebten Dinosaurier selbst in polaren Breitengraden – dies zeigen archäologische Funde z. B. aus Spitzbergen and Alaska.[11] Seither ist der CO_2-Gehalt der Atmosphäre langsam, aber stetig abgesunken, bis die Erde vor zwei bis drei Millionen Jahren in ein neues Eiszeitalter geriet, in dem wir bis heute leben. Selbst in den relativ warmen Phasen dieses Eiszeitalters, wie im derzeitigen Holozän, verschwindet das Eis nicht ganz: Die Pole der Erde bleiben eisbedeckt. In den Kaltphasen des Eiszeitalters breiteten sich dagegen gigantische Eispanzer auf den großen Kontinenten des Nordens aus.

Eine plötzliche Warmphase

Die allmähliche Abkühlung der letzten 100 Millionen Jahre geschah jedoch nicht gleichförmig und ungestört: Vor 55 Millionen Jahren wurde sie durch ein dramatisches Ereignis unterbrochen, das so genannte Temperaturmaximum an der Grenze vom

Eine plötzliche Warmphase

Paläozän zum Eozän (im Fachjargon PETM – Paleocene-Eocene Thermal Maximum).[12] Dieses Ereignis wird unter Klimaforschern in den letzten Jahren viel diskutiert, da es einige Parallelen zu dem aufweist, was der Mensch derzeit verursacht.

Was wissen wir über dieses Ereignis? Kalkschalen aus Sedimenten verraten uns zweierlei: erstens, dass eine große Menge Kohlenstoff in kurzer Zeit in die Atmosphäre gelangte, und zweitens, dass die Temperatur um ca. 5 bis 6 °C anstieg (Abb. 1.3). Auf die Freisetzung von Kohlenstoff kann geschlossen werden, weil sich die Isotopenzusammensetzung des atmosphärischen Kohlenstoffs veränderte. Dass die Konzentration des Isotops C-13 sprunghaft abnahm, lässt sich nämlich nur damit erklären, dass eine Menge Kohlenstoff mit einem niedrigen C-13-Gehalt der Atmosphäre beigemischt wurde. Dies geschah innerhalb von tausend Jahren oder weniger (was sich wegen der geringen Auflösung der Sedimentdaten nicht genauer feststellen lässt). Die Quelle von solchem Kohlenstoff könnten Methaneisvorkommen am Meeresgrund gewesen sein, so genannte Hydrate, ein Konglomerat aus gefrorenem Wasser und Gas, das ähnlich wie Eis aussieht. Methanhydrat ist nur bei hohem Druck und niedrigen Temperaturen stabil. Möglicherweise könnte ein Hydratvorkommen instabil geworden sein, und in einer Kettenreaktion wäre dann durch die damit verbundene Erwärmung immer mehr Hydrat freigesetzt worden. Es gibt aber auch andere Möglichkeiten: die Freisetzung von Kohlendioxid aus der Erdkruste durch starke Vulkanaktivität oder den Einschlag eines Meteoriten.

Wenn man wüsste, wie stark sich die atmosphärische Konzentration der Treibhausgase durch diese Freisetzung verändert hat, dann könnte man etwas darüber lernen, wie stark der dadurch verursachte Treibhauseffekt war. Im Prinzip könnte man dies auch aus den Isotopendaten berechnen – aber nur, wenn der C-13-Gehalt des zugefügten Kohlenstoffs bekannt wäre. Leider hat jede der drei oben genannten möglichen Quellen – Methan-Eis, vulkanischer Kohlenstoff, Meteoriten – eine andere charakteristische Kohlenstoffzusammensetzung. Daher sind quantitative Folgerungen nach dem heutigen Forschungsstand noch nicht möglich – die Spurensuche geht weiter.

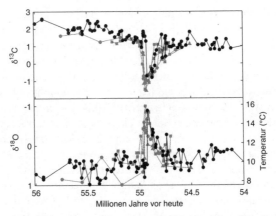

Abb. 1.3: Eine abrupte Klimaerwärmung vor 55 Millionen Jahren. Die oberen Kurven (aus mehreren Sedimentkernen) zeigen die plötzliche Abnahme des Anteils des Isotops C-13 in der Atmosphäre, die unteren Kurven die gleichzeitige Zunahme der Temperatur. (Quelle: Zachos 2001[12])

Doch eines ist bereits heute klar: Das PETM zeigt, was passieren kann, wenn große Mengen Kohlenstoff in die Atmosphäre gelangen. Das Klima kann sich rasch um mehrere Grad erwärmen, ganz ähnlich wie es auch durch die derzeit ablaufende Freisetzung von Kohlenstoff aus der Erdkruste durch den Menschen erwartet wird.

Die Eiszeitzyklen

Wir bewegen uns nun noch näher an die jüngere Vergangenheit heran und betrachten die letzten ein bis zwei Millionen Jahre der Klimageschichte. Die Geographie der Erde sieht für uns in dieser Zeit vertraut aus: Die Position der Kontinente und Ozeane und die Höhe der Gebirgszüge entsprechen der heutigen Situation. Auch Tiere und Pflanzen sind uns weitgehend vertraut, auch wenn etliche der damals lebenden Arten (wie das Mammut) inzwischen ausgestorben sind. Der Mensch geht bereits seinen aufrechten Gang. Vor 1,6 Millionen Jahren findet man *Homo erectus* in Afrika und in Südostasien. Vor 400 000 Jahren lebten mehrere Arten von Hominiden, unter ihnen Neandertaler und Vorläufer des *Homo sapiens*, auch in Europa.

Das Klima dieser Zeit ist geprägt von zyklisch wiederkehrenden Eiszeiten, die vor zwei bis drei Millionen Jahren begannen – sehr wahrscheinlich deshalb, weil seit der Kreidezeit die Konzentration von CO_2 in der Atmosphäre langsam, aber stetig abgesunken war (Abb. 1.2). Die bislang letzte dieser Eiszeiten erreichte vor rund 20 000 Jahren ihren Höhepunkt – zu der Zeit waren unsere Vorfahren bereits moderne Menschen, *Homo sapiens*, sie schufen Werkzeuge und die Höhlenmalereien von Lascaux, sie dachten und kommunizierten ähnlich wie wir. Aber sie mussten mit einem viel harscheren und unstetigeren Klima zurande kommen als die heutigen Menschen.

Die Ursache der Eiszeitzyklen gilt heute als weitgehend aufgeklärt: Es sind die so genannten Milankovitch-Zyklen in der Bahn unserer Erde um die Sonne (Abb. 1.4). Angefangen mit den Arbeiten des belgischen Mathematikers Joseph Adhemar in den 1840er Jahren, hatten Forscher darüber spekuliert, dass Schwankungen der Erdumlaufbahn und die dadurch veränderte Sonneneinstrahlung im Zusammenhang stehen könnten mit dem Wachsen und Abschmelzen von Kontinentaleismassen. Im frühen 20. Jahrhundert wurde diese Theorie dann durch den serbischen Astronomen Milutin Milankovitch genauer ausgearbeitet.[13] Die dominanten Perioden der Erdbahnzyklen (23 000, 41 000, 100 000 und 400 000 Jahre) treten in den meisten langen Klimazeitreihen deutlich hervor.[4]

In den letzten Eiszeitzyklen haben die Kaltphasen meist viel länger angehalten (~90 000 Jahre) als die Warmphasen

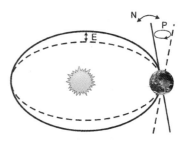

Abb. 1.4: Schwankungen in der Erdbahn um die Sonne verursachen die Eiszeitzyklen.
E: Variation der Exzentrizität der Erdbahn.
N: Variation des Neigungswinkels der Erdachse.
P: Präzession der Äquinoctien.

22   1. Aus der Klimageschichte lernen

(~ 10 000 Jahre). Wenn das für unser Holozän auch gälte, müsste es bald zu Ende sein. Man geht dennoch heute davon aus, dass unsere Warmzeit noch sehr lange anhalten wird. Besonders lange Warmzeiten gibt es immer dann, wenn die Erdbahn in einem Exzentrizitätsminimum (also fast kreisrund) ist, wie zuletzt vor 400 000 Jahren. Die nächste Eiszeit käme demnach wahrscheinlich erst in 50 000 Jahren auf uns zu. Die Milankovitch-Zyklen sind auch in die Zukunft berechenbar, und erst dann wird wieder der kritische Wert für die Sonneneinstrahlung auf der Nordhalbkugel unterschritten.[14] Diese These stützen auch einfache Modellrechnungen, mit denen sich der Beginn der vergangenen zehn Vereisungen korrekt aus den Milankovitch-Zyklen berechnen lässt.[15] Ob es allerdings überhaupt zu dieser nächsten Eiszeit kommt, wird inzwischen von vielen ernsthaft in Frage gestellt. Mehrere der Modelle ergeben nämlich, dass der in diesem Jahrhundert vom Menschen verursachte Anstieg des CO_2 so lange nachwirken könnte, dass dadurch die natürlichen Eiszeitzyklen für mehrere hunderttausend Jahre verhindert würden. Wenn dies stimmt, hätte tatsächlich (wie vom Nobelpreisträger Paul Crutzen vorgeschlagen) eine neue erdklimatische Epoche begonnen: das Anthropozän.[16]

Eine Theorie der Eiszeiten muss auch quantitativ erklären, wie die durch die Milankovitch-Zyklen verursachte Änderung der Strahlungsbilanz zu Vereisungen gerade in der richtigen Größe, an den richtigen Orten und in der richtigen zeitlichen Abfolge geführt hat. Dies ist schwierig, aber inzwischen in wichtigen Teilen gelungen. Eine Schwierigkeit ist, dass die Milankovitch-Zyklen die gesamte ankommende Strahlungsmenge kaum beeinflussen, sie ändern lediglich die Verteilung über die Jahreszeiten und Breitengrade. Um dadurch die Erde insgesamt um die beobachteten 4 bis 7 °C abzukühlen, müssen Rückkopplungsprozesse mitspielen.

Die Forschungen haben gezeigt, dass dabei Schnee eine Hauptrolle spielt: Das Eis beginnt immer dann zu wachsen, wenn die Sonneneinstrahlung im Sommer über den nördlichen Kontinenten zu schwach wird, um den Schnee des vorherigen Winters abzuschmelzen. Dann kommt eine Art Teufelskreis in Gang, denn Schnee reflektiert viel Sonnenstrahlung und kühlt damit das

Klima weiter, die Eismassen wachsen langsam auf mehrere tausend Meter Dicke an.

Doch wenn die Sommersonne im Norden schwach ist, ist sie auf der Südhalbkugel umso stärker. Wieso sollte sich also die Südhalbkugel zur gleichen Zeit abkühlen? Die Lösung fand sich in den winzigen Luftbläschen, die im antarktischen Eis eingeschlossen sind: Kohlendioxid. Der Wostok-Eiskern hat gezeigt, dass der CO_2-Gehalt der Atmosphäre in den letzten 420 000 Jahren im Rhythmus der Vereisungen pendelte, zwischen ca. 190 ppm auf dem Höhepunkt der Eiszeiten und 280 ppm in Warmzeiten (Abb. 1.1). CO_2 wirkt als Treibhausgas (Kap. 2): Berücksichtigt man diese Strahlungswirkung im Klimamodell, dann erhält man realistische Simulationen des Eiszeitklimas.[17] Da das CO_2 aufgrund seiner langen Verweilzeit in der Atmosphäre gut durchmischt ist und daher das Klima global beeinflusst, kann es auch die – sonst unerklärliche – Abkühlung in der Antarktis während der Eiszeiten erklären.

Das CO_2 funktioniert hier als Teil einer Rückkopplungsschleife: Fällt die Temperatur, so fällt der CO_2-Gehalt der Luft, dies verstärkt und globalisiert wiederum die Abkühlung. Im Gegensatz zum zweiten Teil dieser Rückkopplung (also der Wirkung des CO_2 auf die Temperatur) ist der erste Teil derzeit in der Forschung noch nicht ganz verstanden: Wieso sinkt der CO_2-Gehalt, wenn die Temperatur fällt? Offenbar verschwindet das CO_2 im Ozean, aber welche Mechanismen daran welchen Anteil haben, ist noch unklar. Klar ist aus den Eiskerndaten jedoch eines: Diese Rückkopplung funktioniert. Dreht man an der Temperatur (etwa durch die Milankovitch-Zyklen), so folgt mit einer für den Kohlenstoffkreislauf charakteristischen Verzögerung das CO_2; dreht man dagegen am CO_2 (wie derzeit der Mensch), so folgt wenig später die Temperatur.

Abrupte Klimawechsel

Die Klimageschichte hat auch handfeste Überraschungen zu bieten. Im Verlauf der letzten Eiszeit kam es über zwanzigmal zu plötzlichen, dramatischen Klimawechseln[18] (Abb. 1.5). Innerhalb von nur ein bis zwei Jahrzehnten stieg in Grönland die Temperatur um bis zu 12 °C an und blieb dann mehrere Jahrhunderte warm.[19, 20] Auswirkungen dieser so genannten «Dansgaard-Oeschger-Ereignisse» (kurz DO-events) waren weltweit zu spüren – eine internationale Arbeitsgruppe hat bereits im Jahr 2002 Daten von 183 Orten zusammengetragen, an denen sich synchron das Klima änderte.[21]

Im Zusammenspiel solcher Messdaten mit Modellsimulationen entstand am Anfang dieses Jahrhunderts eine Theorie der Dansgaard-Oeschger-Ereignisse, die die meisten Beobachtungsdaten gut zu erklären vermag, u. a. den charakteristischen Zeitablauf und das spezifische räumliche Muster von Erwärmung und Abkühlung.[22] Demnach handelt es sich bei diesen abrupten Klimawechseln um sprunghafte Änderungen der Meeresströme im Nordatlantik, die riesige Wärmemengen in den nördlichen Atlantikraum bringen und teilweise für das milde Klima bei uns verantwortlich sind. Wahrscheinlich benötigten diese Strömungsänderungen nur einen minimalen Auslöser. Dies legen jedenfalls unsere Modellsimulationen nahe, und auch in den Klimadaten deutet nichts auf einen starken äußeren Auslöser hin. Die Atlantikströmung stand während der Eiszeit wohl regelrecht auf der

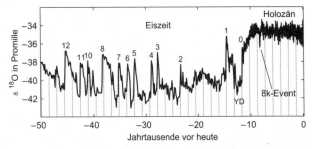

Abb. 1.5: Klimaentwicklung in Grönland in den abgelaufenen 50 000 Jahren. Die abgelaufenen zehntausend Jahre, das Holozän, sind durch ein stabiles, warmes Klima gekennzeichnet. Das Eiszeitklima in der Zeit davor wird durch plötzliche Warmphasen unterbrochen, die Dansgaard-Oeschger-Ereignisse (nummeriert). Die senkrechten Linien markieren Intervalle von 1470 Jahren Länge. Die letzte Kaltphase der Eiszeit ist die Jüngere Dryas (YD). Zu Beginn des Holozän, vor 8200 Jahren, gab es eine kleinere Abkühlung: das 8k-Ereignis. (Quelle: Rahmstorf 2002[23])

Kippe zwischen zwei verschiedenen Strömungsmustern und sprang ab und zu zwischen diesen hin und her.

DO-Events sind aber nicht die einzigen abrupten Klimasprünge, die die jüngere Klimageschichte zu bieten hat. Während der letzten Eiszeit kam es in unregelmäßigen Abständen von mehreren tausend Jahren zu so genannten Heinrich-Ereignissen. Man erkennt sie in den Tiefseesedimenten aus dem Nordatlantik, wo jedes dieser spektakulären Ereignisse anstatt des sonstigen weichen Schlamms eine bis zu einige Meter dicke Schicht von Steinchen hinterließ.[24] Diese Steinchen sind zu schwer, um vom Wind oder von Meeresströmungen transportiert worden zu sein – sie können nur von schmelzenden Eisbergen herab auf den Meeresgrund gefallen sein. Offenbar sind also immer wieder regelrechte Armadas aus Eisbergen über den Atlantik getrieben. Man geht davon aus, dass es sich um Bruchstücke des Nordamerikanischen Kontinentaleises handelte, die durch die Hudsonstraße ins Meer gerutscht sind. Ursache war wahrscheinlich eine Instabilität des mehrere tausend Meter dicken Eispanzers. Durch Schneefälle wuchs er ständig an, bis Abhänge instabil wurden und abrutschten – ähnlich wie bei einem Sandhaufen, bei dem gelegentlich Lawinen abgehen, wenn man immer mehr Sand darauf rieseln lässt.

Sedimentdaten deuten darauf hin, dass infolge der Heinrich-Events die Atlantikströmung vorübergehend ganz zum Erliegen kam.[23] Klimadaten zeigen eine damit verbundene plötzliche Abkühlung vor allem in mittleren Breiten, etwa im Mittelmeerraum.

Das Klima des Holozän

Zum Schluss dieser kurzen Reise durch die Klimageschichte widmen wir uns dem Holozän: der Warmzeit, in der wir seit 10 000 Jahren leben. Das Holozän ist nicht nur durch ein warmes, sondern auch durch ein vergleichsweise stabiles Klima gekennzeichnet. Von vielen wird das relativ stabile Klima des Holozän als Grund dafür angesehen, dass der Mensch vor ca. 10 000 Jahren die Landwirtschaft erfand und sesshaft wurde.

Eine letzte, allerdings vergleichsweise schwache abrupte Käl-

26   1. Aus der Klimageschichte lernen

tephase fand vor 8200 Jahren statt (manchmal als 8k-Event bezeichnet – Abb. 1.5). Daten und Simulationsrechnungen legen
nahe, dass es sich dabei um eine Folge des Abschmelzens der
letzten Eisreste der Eiszeit handelte, hinter denen sich über
Nordamerika ein riesiger Schmelzwassersee gebildet hatte, der
Agassiz-See.[25] Als der Eisdamm brach und der Süßwassersee
sich in den Atlantik ergoss, wurde die warme Atlantikströmung
dadurch vorübergehend gestört.

Selbst im sonst eher ruhigen Holozän gab es noch einen großen Klimawechsel: Die Sahara wandelte sich von einer besiedelten Savanne mit offenen Wasserflächen in eine Wüste. Ursache
waren offenbar Veränderungen in der Monsunzirkulation, die
vom 23 000-jährigen Erdbahnzyklus ausgelöst werden. Weltweit schwankt die Monsunstärke in diesem Rhythmus, der den
Jahreszeitenkontrast zwischen Land und Meer und damit die
Antriebskräfte des Monsuns bestimmt. In Simulationen des Klimas der letzten 9000 Jahre durch Martin Claussen und Kollegen am Potsdam-Institut, in denen die Milankovitch-Zyklen
berücksichtigt wurden, verdorrte um 5500 vor heute die Sahara-
Vegetation.[26] Das passt sehr gut zu Daten aus einem neueren
Sedimentbohrkern vor der Nordafrikanischen Küste, wonach
genau um diese Zeit der Anteil von Saharasand in den Sedimenten sprunghaft angestiegen ist:[27] ein sicheres Zeichen für die
Austrocknung der Sahara.

Von besonderem Interesse sind die Klimaschwankungen der
letzten Jahrtausende, sind sie uns doch historisch am nächsten.
Ein interessantes Beispiel ist das Schicksal der Wikingersiedlung
in Grönland. Daten vom nächstgelegenen Eisbohrkern Dye 3 im
Süden Grönlands zeigen, dass das Klima dort besonders warm
war, als Erik der Rote im Jahr 982 seine Siedlung gründete. Doch
die guten Bedingungen hielten nicht an, sondern sie verschlech-
terten sich in den folgenden 200 Jahren immer mehr. Eine vorü-
bergehende Warmphase im 13. Jahrhundert gab nochmals Hoffnung, aber im späten 14. Jahrhundert war das Klima so kalt geworden, dass die Siedlung wieder aufgegeben werden musste.[28]
Erst in der Mitte des 20. Jahrhunderts wurden die warmen Temperaturen des Mittelalters in Südgrönland wieder erreicht.

Das Klima des Holozän

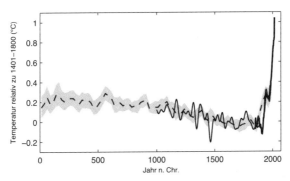

Abb. 1.6: Globaler Temperaturverlauf in den letzten beiden Jahrtausenden. Die gestrichelte Linie mit Unsicherheitsbereich zeigt die Ergebnisse des PAGES-Projekts.[29] Die dünnere durchgezogene Linie stellt die klassische Rekonstruktion für die Nordhalbkugel von Mann et al. 1999 dar, die wegen der höheren Zeitauflösung größere Schwankungen zeigt. Die dicke schwarze Linie zeigt die Messdaten der NASA (siehe Abb. 2.3).

Allerdings lassen sich Daten einzelner Stationen nicht verallgemeinern, weil lokal aus verschiedenen Gründen recht große Klimaschwankungen auftreten können – zum Beispiel durch Veränderungen in den vorherrschenden Windrichtungen oder Meeresströmungen. Besonders wichtig sind daher großräumige (möglichst globale oder hemisphärische) Mittelwerte, denn die lokale Umverteilung von Wärme gleicht sich bei der Mittelwertbildung aus, und es lassen sich Erkenntnisse über die Reaktion auf globale Antriebe (etwa Schwankungen der Sonnenaktivität oder der Treibhausgaskonzentration) ableiten.

Im Jahr 2017 hat ein Team von 98 Forschern aus aller Welt im Rahmen des PAGES2k-Projekts die global gemittelte Temperatur seit Christi Geburt publiziert (Abb. 1.6) – auf Basis von rund 700 Datenreihen aus allen Kontinenten und den Weltmeeren, als Frucht von Jahrzehnten Forschungsarbeit. Auch für das gesamte Holozän gibt es neuerdings eine solche Zusammenstellung paläoklimatischer Daten.[30] Sie zeigt, dass die langsame Abkühlung in der vorindustriellen Zeit Teil einer noch längerfristigen Abkühlung seit dem Wärmemaximum des Holozän vor 7000 Jahren ist. Die moderne Erwärmung hat diese Jahrtausende

der Abkühlung allerdings innerhalb von hundert Jahren wettge-
macht. Wahrscheinlich liegt die globale Temperatur heute bereits
höher als jemals im gesamten Holozän.[31] Um noch höhere Temperaturen zu finden, muss man daher bis vor die letzte Eiszeit zu-
rückschauen: bis in die Eem-Warmzeit vor rund 120 000 Jahren.

Einige Folgerungen

Die Klimageschichte belegt vor allem die dramatische Wechsel-
haftigkeit des Klimas. Das Klimasystem ist ein sensibles System,
das in der Vergangenheit schon auf recht kleine Änderungen in
der Energiebilanz empfindlich reagiert hat. Es ist zudem ein
nichtlineares System, das in manchen Komponenten – zum Beispiel der ozeanischen Zirkulation – zu sprunghaften Änderungen neigt. Das Klima ist «kein träges Faultier, sondern gleicht
einem wilden Biest», wie es der bekannte amerikanische Klimatologe Wallace Broecker einmal formulierte.

Andererseits treten Klimaänderungen auch nicht ohne Grund
auf, und die Klimaforschung ist im vergangenen Jahrzehnt einem
quantitativen Verständnis der Ursachen früherer Klimaänderungen sehr nahe gekommen. Viele der abgelaufenen Ereignisse lassen sich inzwischen auf spezifische Ursachen zurückführen und
recht realistisch in den stets besser werdenden Simulations-
modellen nachspielen. Ein solches quantitatives Verständnis von
Ursache und Wirkung ist die Voraussetzung dafür, die Eingriffe
des Menschen in das Klimasystem richtig einschätzen zu können
und deren Folgen zu berechnen. Die Klimageschichte bestätigt
dabei eindrücklich die wichtige Rolle des CO_2 als Treibhausgas,
die wir im nächsten Kapitel näher beleuchten werden.

2. Die globale Erwärmung

Ändert der Mensch das Klima? Und wenn ja, wie rasch und wie stark? Diese Fragen sollen in diesem Kapitel diskutiert werden. Sie beschäftigen die Wissenschaft nicht erst in jüngster Zeit, sondern bereits seit über einem Jahrhundert. Mit «globaler Erwärmung» meinen wir hier eine Erwärmung der globalen Mitteltemperatur, nicht unbedingt eine Erwärmung überall auf der Erde. In diesem Kapitel werden wir nur die globale Mitteltemperatur betrachten; die regionalen Ausprägungen des Klimawandels werden in Kapitel 3 besprochen.

Etwas Geschichte

Schon 1824 beschrieb Jean-Baptiste Fourier, wie Spurengase in der Atmosphäre das Klima erwärmen.[32] 1860 zeigte der Physiker John Tyndall, dass dies vor allem Wasserdampf und CO_2 sind. Im Jahr 1896 rechnete der schwedische Nobelpreisträger Svante Arrhenius erstmals aus, dass eine Verdoppelung des CO_2-Gehalts der Atmosphäre zu einer Temperaturerhöhung um 4 bis 6 °C führen würde. In den 1930er Jahren wurde in der Fachliteratur ein Zusammenhang der damals beobachteten Klimaerwärmung mit dem Anstieg des CO_2 durch die Industrialisierung diskutiert; er war seinerzeit mangels Daten jedoch nicht zu belegen. Erst seit den 1950er Jahren wird die Gefahr einer anthropogenen (also vom Menschen verursachten) Erwärmung weithin ernst genommen. Im Rahmen des internationalen geophysikalischen Jahres (IGY) 1957/58 gelang der Nachweis, dass die CO_2-Konzentration in der Atmosphäre tatsächlich ansteigt; Isotopenanalysen zeigten zudem, dass der Anstieg durch Kohlenstoff aus der Nutzung fossiler Brennstoffe verursacht wurde – also vom Menschen. Die ersten Simulationsrechnungen mit einem Atmosphärenmodell in den 1960er Jahren ergaben einen Temperaturanstieg von 2 °C bei angenommener Verdoppelung der CO_2-Konzentration; ein weiteres Modell ergab etwas später einen Wert von 4 °C.

In den 1970er Jahren warnte mit der National Academy of Sciences der USA erstmals eine große Wissenschaftsorganisation vor der globalen Erwärmung.[33] Gleichzeitig gab es einige wenige Forscher, die sogar eine neue Eiszeit für möglich hielten, unter ihnen der bekannte US-Klimatologe Stephen Schneider. Das Thema wurde von den Medien begierig aufgegriffen; Schneiders Argumente überzeugten Fachleute jedoch kaum, und im Lichte weiterer eigener Forschungsergebnisse revidierte er bald selbst seine Auffassung.

Die National Academy schätzte damals die Wirkung einer CO_2-Verdoppelung auf eine Zunahme der Temperatur um 1,5 bis 4,5 °C. Diese Unsicherheitsspanne konnte unabhängig bestätigt und abgesichert, aber leider bislang nur wenig verkleinert werden. Im Jahr 1990 erschien der erste Sachstandsbericht des Intergovernmental Panel on Climate Change[34] (IPCC, mehr dazu in Kap. 4), weitere Berichte folgten 1996,[35] 2001,[36] 2007[37] und 2013.[38] In diesem Zeitraum haben sich die wissenschaftlichen Erkenntnisse derart erhärtet, dass inzwischen nahezu alle Klimatologen eine spürbare anthropogene Klimaerwärmung für erwiesen halten. 2007 erhielt das IPCC für seine Arbeit den Friedensnobelpreis.

Der Treibhauseffekt

Der Grund für den befürchteten Temperaturanstieg als Folge des steigenden CO_2-Gehalts der Atmosphäre liegt im so genannten Treibhauseffekt, der hier kurz erläutert werden soll.

Die mittlere Temperatur auf der Erde ergibt sich aus einem einfachen Strahlungsgleichgewicht (siehe Kap. 1). Einige Gase in der Atmosphäre greifen in die Strahlungsbilanz ein, indem sie zwar die ankommende Sonnenstrahlung passieren lassen, jedoch nicht die von der Erdoberfläche abgestrahlte langwellige Wärmestrahlung. Dadurch kann Wärme von der Oberfläche

Der Treibhauseffekt

nicht so leicht ins All abgestrahlt werden; es kommt zu einer Art «Wärmestau» in der Nähe der Erdoberfläche.

Anders formuliert: Die Oberfläche strahlt, wie jeder physikalische Körper, Wärme ab – je höher die Temperatur, desto mehr. Diese Wärmestrahlung entweicht aber nicht einfach ins Weltall, sondern wird unterwegs in der Atmosphäre absorbiert, und zwar von den Treibhausgasen (oder «klimawirksamen Gasen» – nicht zu verwechseln mit den «Treibgasen», die in Spraydosen Verwendung fanden und die Ozonschicht schädigen). Die wichtigsten dieser Gase sind Wasserdampf, Kohlendioxid und Methan. Diese Gase strahlen die absorbierte Wärme wiederum in alle Richtungen gleichmäßig ab – einen Teil also auch zurück zur Erdoberfläche. Dadurch kommt an der Oberfläche mehr Strahlung an als ohne Treibhausgase: nämlich nicht nur die Sonnenstrahlung, sondern zusätzlich die von den Treibhausgasen abgestrahlte Wärmestrahlung. Ein Gleichgewicht kann sich erst wieder einstellen, wenn die Oberfläche zum Ausgleich auch mehr abstrahlt – also wenn sie wärmer ist. Dies ist der Treibhauseffekt (Abb. 2.1).

Der Treibhauseffekt ist ein ganz natürlicher Vorgang – Wasserdampf, Kohlendioxid und Methan kommen von Natur aus

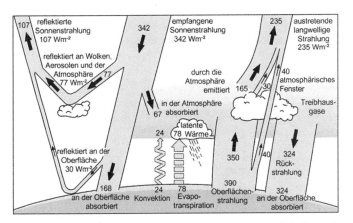

Abb. 2.1: Die Energiebilanz der Erde. Der natürliche Treibhauseffekt heizt die Oberfläche mit 324 Watt/m^2 auf. (Quelle: IPCC[37])

seit jeher in der Atmosphäre vor. Der Treibhauseffekt ist sogar lebensnotwendig – ohne ihn wäre unser Planet völlig gefroren. Eine einfache Rechnung zeigt die Wirkung. Die ankommende Sonnenstrahlung pro Quadratmeter Erdoberfläche beträgt 342 Watt. Etwa 30% davon werden reflektiert, es verbleiben 242 Watt/m², die teils in der Atmosphäre, teils von Wasser- und Landflächen absorbiert werden. Ein Körper, der diese Strahlungsmenge abstrahlt, hat nach dem Stefan-Boltzmann-Gesetz der Physik eine Temperatur von $-18\,°C$; wenn die Erdoberfläche im Mittel diese Temperatur hätte, würde sie also gerade so viel abstrahlen, wie an Sonnenstrahlung ankommt. Tatsächlich beträgt die mittlere Temperatur an der Erdoberfläche aber $+15\,°C$. Die Differenz von 33 Grad wird vom Treibhauseffekt verursacht, der daher erst das lebensfreundliche Klima auf der Erde möglich macht. Der Grund zur Sorge über die globale Erwärmung liegt darin, dass der Mensch diesen Treibhauseffekt nun verstärkt. Da der Treibhauseffekt insgesamt für eine Temperaturdifferenz von 33 Grad verantwortlich ist, kann bereits eine prozentual geringe Verstärkung desselben zu einer Erwärmung um mehrere Grad führen.

Ein Vergleich mit unserem Nachbarplaneten Venus zeigt, welche Macht der Treibhauseffekt im Extremfall entfalten kann. Die *absorbierte* Sonnenenergie ist wegen der dichten, 80% der Strahlung reflektierenden Wolkendecke mit 130 Watt/m² deutlich geringer als auf der Erde (242 Watt/m²). Man könnte daher erwarten, dass die Venusoberfläche kälter ist als die Erdoberfläche. Das Gegenteil ist jedoch der Fall: Auf der Venus herrschen siedend heiße $460\,°C$. Grund dafür ist ein extremer Treibhauseffekt: Die Atmosphäre der Venus besteht zu 96% aus Kohlendioxid.

Der Anstieg der Treibhausgaskonzentration

Von der Theorie nun zu den tatsächlichen, gemessenen Veränderungen auf unserer Erde. Direkte und kontinuierliche Messungen der Kohlendioxidkonzentration gibt es erst seit den 1950er Jahren, seit Charles Keeling eine Messreihe auf dem Mauna Loa

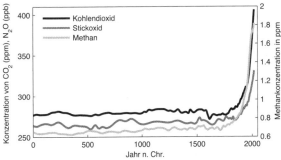

Abb. 2.2: Die Entwicklung der Konzentration wichtiger Treibhausgase in der Atmosphäre über die abgelaufenen zweitausend Jahre bis 2018.
Linke Skala: Konzentration in ppm für CO_2 bzw. ppb für N_2O.
Rechte Skala: Konzentration in ppb für Methan. (Quelle: Eisbohrkern Law Dome in der Antarktis und moderne Messungen)

in Hawaii begann. Diese berühmte Keeling-Kurve zeigt zum einen die jahreszeitlichen Schwankungen der CO_2-Konzentration: das Ein- und Ausatmen der Biosphäre im Jahresrhythmus. Zum anderen zeigt sie einen kontinuierlichen Aufwärtstrend. Inzwischen (2018) hat die CO_2-Konzentration den Rekordwert von 410 ppm (also 0,041 %) erreicht (Abb. 2.2). Dies ist der höchste Wert seit mindestens 800 000 Jahren – so weit reichen die zuverlässigen Daten aus Eiskernen inzwischen zurück (siehe Kap. 1). Für den Zeitraum davor haben wir nur ungenauere Daten aus Sedimenten. Alles spricht jedoch dafür, dass man etliche Millionen Jahre in der Klimageschichte zurückgehen muss – zurück in die Zeiten eines wesentlich wärmeren, eisfreien Erdklimas –, um ähnlich hohe CO_2-Konzentrationen zu finden.[10] Wir verursachen derzeit also Bedingungen, mit denen der Mensch es noch nie zu tun hatte, seit er den aufrechten Gang gelernt hat.

Dass es der Mensch ist, der diesen Anstieg des CO_2 verursacht, daran gibt es keinerlei Zweifel. Wir wissen, wie viele fossile Brennstoffe (Kohle, Erdöl und Erdgas) wir verbrennen und wie viel CO_2 dabei in die Atmosphäre gelangt – CO_2 ist das hauptsächliche Verbrennungsprodukt, keine kleine Verunreinigung in

2. Die globale Erwärmung

den Abgasen. Die jedes Jahr verbrannte Menge entspricht etwa dem, was sich zur Zeit der Entstehung der Lagerstätten von Öl und Kohle in rund einer Million Jahre gebildet hat.

Nur etwa die Hälfte des von uns in die Luft gegebenen CO_2 befindet sich noch dort, die andere Hälfte wurde von den Ozeanen und von der Biosphäre aufgenommen. Fossiler Kohlenstoff hat eine besondere Isotopenzusammensetzung, dadurch konnte Hans Suess bereits in den 1950er Jahren nachweisen, dass das zunehmende CO_2 in der Atmosphäre einen fossilen Ursprung hat.[39] Inzwischen ist auch die Zunahme des CO_2 im Ozean durch rund 10000 Messungen aus den Weltmeeren belegt – wir erhöhen also die CO_2-Konzentration nicht nur in der Luft, sondern auch im Wasser.[40] Dies führt übrigens zur Versauerung des Meerwassers und damit wahrscheinlich zu erheblichen Schäden an Korallenriffen und anderen Meeresorganismen, auch ohne jeden Klimawandel.[41]

Neben dem generellen Trend haben Wissenschaftler auch die beobachteten kleineren Schwankungen der CO_2-Konzentration inzwischen immer besser verstanden. So machen sich etwa Vulkanausbrüche oder Änderungen der Meeresströmungen im Pazifik (El-Niño-Ereignisse) auch in der CO_2-Konzentration bemerkbar, weil die Biosphäre jeweils mit verstärktem oder geringerem Wachstum reagiert.[42] Vereinfacht gesagt: Steigt die CO_2-Konzentration in einem Jahr weniger als normal, dann war es ein gutes Jahr für die Biosphäre. Und umgekehrt steigt die CO_2-Konzentration in Jahren mit verbreiteter Dürre oder Waldbränden (z. B. 2015, 2016, 1998) besonders rasch an.

CO_2 ist jedoch nicht das einzige Treibhausgas. Auch die Konzentration anderer Gase wie Methan (CH_4), FCKW und Distickstoffoxyd (N_2O) ist durch menschliche Aktivitäten angestiegen. (Die von FCKW sinkt wieder, seitdem ihre Herstellung wegen ihrer zerstörerischen Wirkung auf die Ozonschicht weitgehend eingestellt wurde.) Auch diese Gase tragen zum Treibhauseffekt bei. Die Maßeinheit dafür ist der so genannte Strahlungsantrieb in Watt pro Quadratmeter – diese Kennzahl gibt an, wie stark der Strahlungshaushalt durch ein bestimmtes Gas (oder auch durch eine andere Ursache, etwa durch Änderung der Bewöl-

Der Anstieg der Treibhausgaskonzentration

kung oder der Sonnenaktivität) verändert wird. Die derzeit durch die anthropogenen klimawirksamen Gase verursachte Störung des Strahlungshaushaltes beträgt 3,0 Watt/m² (die Unsicherheit beträgt dabei ±15%). 65% davon gehen auf das Konto des CO_2, 35% sind durch die anderen Gase verursacht.[37]

Das insgesamt wichtigste Treibhausgas ist der Wasserdampf. Es taucht in der obigen Diskussion nur deshalb nicht auf, weil der Mensch seine Konzentration nicht direkt verändern kann. Selbst wenn wir künftig vorwiegend Wasserstoff als Energieträger einsetzen würden, wären die Einflüsse der Wasserdampfemissionen auf das Klima minimal. Unvorstellbar große Mengen an Wasserdampf (mehr als 4×10^{14} Kubikmeter pro Jahr) verdunsten von den Ozeanen, bewegen sich in der Atmosphäre, kondensieren und fallen als Niederschläge wieder zu Boden. Dies ist die zwanzigfache Wassermenge der Ostsee. Innerhalb von zehn Tagen wird damit die gesamte Menge an Wasserdampf in der Atmosphäre ausgetauscht. Die Konzentration (im globalen Mittel 0,25%) schwankt deshalb sehr stark von Ort zu Ort und von Stunde zu Stunde – ganz im Gegensatz zu den oben diskutierten langlebigen Treibhausgasen, die sich während ihrer Lebensdauer um den ganzen Erdball verteilen und daher überall fast die gleiche Konzentration haben.

Seit jeher treiben Klimaforscher daher großen Aufwand, um den Wasserkreislauf immer besser zu verstehen und genauer in ihren Modellen zu erfassen – das ist nicht nur wegen der Treibhauswirkung des Wasserdampfes wichtig, sondern vor allem auch zur Berechnung der Niederschlagsverteilung.

Die Wasserdampfkonzentration hängt stark von der Temperatur ab. Warme Luft kann nach dem Clausius-Clapeyron-Gesetz der Physik mehr Wasserdampf halten. Daher erhöht der Mensch indirekt auch die Wasserdampfkonzentration der Atmosphäre, wenn er das Klima aufheizt. Dies ist eine klassische verstärkende Rückkopplung, da eine höhere Wasserdampfkonzentration wiederum die Erwärmung verstärkt.

Der Anstieg der Temperatur

Messdaten aus aller Welt belegen, dass neben der Kohlendioxidkonzentration auch die mittlere Temperatur in den abgelaufenen hundert Jahren deutlich gestiegen ist – und zwar gerade in dem Maße, wie es nach unserem physikalischen Verständnis des Treibhauseffekts auch zu erwarten ist und schon in den 1970er Jahren vorhergesagt wurde.

Dieser Anstieg der Temperatur ist durch eine Reihe voneinander unabhängiger Datensätze belegt. Die wichtigste Datenbasis sind die Messwerte der weltweiten Wetterstationen (Abb. 2.3, 2.4), die seit dem Jahr 1900 einen globalen Anstieg um 1,1 °C zeigen.[38] Dabei sind lokale Effekte, vor allem das Wachsen von Städten um Wetterstationen herum (der *urban heat island effect*), bereits herauskorrigiert. Dass diese Korrektur erfolgreich und vollständig ist, wurde sorgfältig getestet, u. a. indem stürmische Tage mit windstillen Tagen verglichen wurden; nur bei Letzteren wäre der Wärmeinsel-Effekt spürbar. Beide zeigen jedoch genau den gleichen Erwärmungstrend.[43]

Ein anderer wichtiger Datensatz sind die Messungen der Meerestemperaturen, die von einem großen Netz von Schiffen und später Satelliten durchgeführt werden. Diese zeigen einen Anstieg der Oberflächentemperatur der Meere, der ganz ähn-

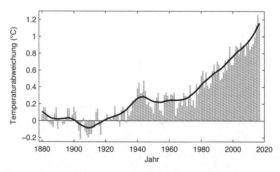

Abb. 2.3: Verlauf der global gemittelten Temperaturen 1880–2017, gemessen von Wetterstationen und Satelliten. Gezeigt sind jährliche Werte (graue Balken) sowie der über elf Jahre geglättete Verlauf (Kurve). (Quelle: NASA[44])

Der Anstieg der Temperatur 37

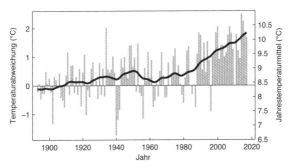

Abb. 2.4: Verlauf der Temperatur an der Wetterstation auf dem Potsdamer Telegrafenberg 1893–2017, eine der längsten ununterbrochenen Messreihen der Erde. Gezeigt sind jährliche Werte (graue Balken) sowie der über elf Jahre geglättete Verlauf (Kurve). Die Erwärmung ist hier mit fast 2 °C (geglättete Linie) deutlich stärker als im globalen Mittel, wie bei Landgebieten generell. Außerdem sind die jährlichen Schwankungen erheblich größer, so wie es bei einer Einzelstation im Vergleich zum globalen Mittel zu erwarten ist. (Quelle: Säkularstation Potsdam[45])

lich verläuft wie über den Kontinenten.[38] Der Trend ist etwas schwächer, wie man es auch aufgrund der thermischen Trägheit und Verdunstungskühlung des Wassers erwartet.

Die globale Erwärmung wird auch durch Satellitenmessungen bestätigt, auch wenn die Messreihen erst Ende der 1970er Jahre beginnen. Alle sieben globalen Datenreihen (fünf aus Oberflächendaten, zwei Satellitenmessreihen) zeigen einen übereinstimmenden Erwärmungstrend über die letzten 30 Jahre, je nach Datensatz 0,18 bis 0,21 °C pro Jahrzehnt.[46]

Neben den Temperaturmessungen bestätigen auch eine Reihe von anderen Trends indirekt die Erwärmung, etwa der weltweite Gletscherschwund, das Schrumpfen des arktischen Meereises, der Anstieg des Meeresspiegels, das im Jahreslauf zunehmend frühere Tauen und spätere Gefrieren von Flüssen und Seen und das frühere Austreiben von Bäumen. Solche Folgen der Erwärmung werden in Kapitel 3 diskutiert.

Die Ursachen der Erwärmung

Betrachten wir die Erwärmung im abgelaufenen Jahrhundert genauer (Abb. 2.3), so können wir drei Phasen unterscheiden. Bis 1940 gab es eine frühe Erwärmungsphase, danach stagnierten die Temperaturen bis in die 1970er Jahre, und seither gibt es einen neuen, bislang ungebrochenen Erwärmungstrend. Dass dieser Verlauf nicht exakt dem Verlauf des CO_2 gleicht, wurde in den Medien gelegentlich als Argument dafür vorgebracht, dass die Erwärmung nicht durch CO_2 verursacht wird. Diese Argumentation ist jedoch zu simpel. Es versteht sich von selbst, dass CO_2 nicht der einzige Einflussfaktor auf das Klima ist, sondern dass der tatsächliche Klimaverlauf sich aus der Überlagerung mehrerer Faktoren ergibt (siehe Kap. 1).

Doch wie kann man diese Faktoren und ihren jeweiligen Einfluss auseinander halten? In der Klimaforschung ist diese Frage im englischen Fachjargon als das *attribution problem* bekannt, also das Problem der (anteiligen) Zuweisung von Ursachen. Es gibt eine ganze Reihe von Ansätzen zu dessen Lösung. Auch wenn in der Regel dabei komplexe statistische Verfahren zur Anwendung kommen, lassen sich die drei Grundprinzipien der verschiedenen Methoden sehr einfach verstehen.

Das erste Prinzip beruht auf der Analyse des *zeitlichen Verlaufs* der Erwärmung sowie der dafür in Frage kommenden Ursachen, die auch «Antriebe» genannt werden. Die Idee ist damit die gleiche wie bei dem oben genannten zu simplen Argument – nur dass dabei die Kombination mehrerer möglicher Ursachen betrachtet wird, nicht nur eine einzige. Zu diesen Ursachen gehören neben der Treibhausgaskonzentration auch Veränderungen der Sonnenaktivität, der Aerosolkonzentration (Luftverschmutzung mit Partikeln, die aus Vulkanausbrüchen oder Abgasen stammen) und interne Schwankungen im System Ozean – Atmosphäre (als stochastische Komponente). Dabei braucht man die Stärke der gesuchten Einflüsse nicht zu kennen – ein wichtiger Vorteil mit Blick auf die Aerosole und die Sonnenaktivität, deren qualitativen Zeitverlauf man zwar relativ gut kennt, über deren Amplituden (also die Stärke der

Schwankungen) es aber noch erhebliche Unsicherheit gibt. Im Ergebnis zeigt sich, dass zumindest der zweite Erwärmungsschub seit den 1970er Jahren keinesfalls mit natürlichen Ursachen zu erklären ist. Mit anderen Worten: Wie groß der Einfluss natürlicher Störungen auf die Mitteltemperatur auch sein mag, sie können die Erwärmung der letzten 40 Jahre nicht herbeigeführt haben. Der Grund hierfür liegt letztlich darin, dass mögliche natürliche Ursachen einer Erwärmung (etwa die Sonnenaktivität) seit den 1940er Jahren keinen Trend aufweisen, sodass unabhängig von der Amplitude lediglich die Treibhausgase in Frage kommen.[47] Seit rund 40 Jahren nimmt die Sonnenaktivität sogar ab.

Das zweite Prinzip beruht auf der Analyse der *räumlichen Muster* der Erwärmung (Fingerabdruck-Methode),[48] die sich bei verschiedenen Ursachen unterscheiden. So fangen Treibhausgase die Wärme vor allem in Bodennähe ein und kühlen die obere Atmosphäre; bei Änderungen der Sonnenaktivität ist dies anders. Durch Modellsimulationen lassen sich die Muster berechnen und dann mit den beobachteten Erwärmungsmustern vergleichen. Solche Studien wurden von vielen Forschergruppen mit unterschiedlichen Modellen und Datensätzen gemacht. Sie ergeben einhellig, dass der Einfluss der gestiegenen Treibhausgaskonzentration inzwischen dominant und mit seinem charakteristischen «Fingerabdruck» in den Messdaten nachweisbar ist.

Besonders aussagekräftig ist eine Kombination der beiden oben genannten Methoden. Eine solche Studie ergab Ende der 1990er Jahre ebenfalls, dass der Temperaturverlauf im 20. Jahrhundert nicht durch natürliche Ursachen erklärbar ist.[49] Die Erwärmung bis 1940 könnte sowohl durch eine Kombination von Treibhausgasen und interner Variabilität erklärt werden als auch teilweise durch einen Anstieg der Sonnenaktivität (die beste Abschätzung für deren Beitrag ergab 0,13 °C). Der weitere Verlauf ergibt sich aus der Überlagerung des abkühlenden Effekts der Aerosole und des wärmenden Effekts der Treibhausgase, die sich während der Stagnationsphase von 1940 bis 1970 etwa die Waage hielten.

40   2. Die globale Erwärmung

Das dritte Prinzip baut auf die Kenntnis der *Amplitude* der unterschiedlichen Antriebe. Für die Treibhausgase ist diese gut bekannt (3,0 Watt/m², siehe oben), für die anderen wichtigen Einflussgrößen sind die Abschätzungen allerdings noch mit erheblicher Unsicherheit behaftet. Dennoch ergibt sich auch aus diesen Studien abermals, dass der menschliche Einfluss auf die Klimaentwicklung des 20. Jahrhunderts dominant ist. Eine häufig in Klimamodellen verwendete Abschätzung der Sonnenaktivität[50] ergibt einen Anstieg im 20. Jahrhundert um 0,35 W/m². Selbst wenn dies um ein Mehrfaches unterschätzt wäre (was aus verschiedenen Gründen unwahrscheinlich ist), wäre der menschliche Antrieb immer noch stärker. Neuere Erkenntnisse deuten sogar eher darauf hin, dass diese Abschätzung die Veränderung der Sonneneinstrahlung noch erheblich überschätzt.[51]

Seit Mitte des 20. Jahrhunderts hat die Leuchtkraft der Sonne abgenommen und in den letzten beiden Sonnenfleckenminima 2008 und 2018 neue Tiefststände erreicht – zeitgleich mit globalen Wärmerekorden, die ohne die schwache Sonne wahrscheinlich noch wärmer ausgefallen wären.

Verschiedene Studien zeigen zudem, dass das Klimasystem durch den Treibhauseffekt im letzten Jahrzehnt das Klimasystem im Ungleichgewicht ist: Die Erde nimmt seit 1960 im Mittel rund 0,4 W/m² mehr an Sonnenenergie auf, als sie wieder ins Weltall abstrahlt.[52] Mehr als 90 % dieser Wärmemenge wird im Meer gespeichert, der Rest geht in die Eisschmelze und die Erwärmung von Luft und Land. Auch die Zunahme der langwelligen Strahlung an der Erdoberfläche durch den verstärkten Treibhauseffekt ist inzwischen durch Schweizer Kollegen durch ein Strahlungsmessnetz in den Alpen direkt gemessen worden,[1] sodass die durch uns Menschen verursachten Veränderungen in der Wärmebilanz der Erde als gut verstanden gelten können.

In der öffentlichen Wahrnehmung spielt die Frage eine wichtige Rolle, wie «ungewöhnlich» die derzeitige Erwärmung ist – etwa, ob es im Mittelalter in der Nordhemisphäre schon einmal wärmer war (wahrscheinlich nicht, siehe Abb. 1.6). Daraus wird dann versucht, auf die Ursache zu schließen («Wenn es früher schon mal so warm war, muss es ein natürlicher Zyklus sein»).

Dies wäre jedoch ein Fehlschluss: Ob es im Mittelalter bereits wärmer war (etwa wegen einer besonders hohen Sonnenaktivität) oder nicht – wir könnten daraus nicht schließen, inwieweit die *aktuelle* Erwärmung durch natürliche Faktoren oder den Menschen bedingt ist. Wie in Kapitel 1 erläutert, können Klimaveränderungen unterschiedliche Ursachen haben. Welche davon tatsächlich wirkte, muss in jedem Einzelfall geprüft werden. Dass natürliche Ursachen *prinzipiell* auch eine deutlich stärkere Erwärmung verursachen könnten als der Mensch, ist sicher: Für Beispiele muss man nur weit genug in der Klimageschichte zurückgehen (siehe Kap. 1). Über die Ursache des aktuellen Klimawandels sagt uns dies nichts. Es zeigt uns jedoch, dass das Klima nicht unerschütterlich stabil ist: Es belegt, dass das Klima nicht durch stark abschwächende Rückkopplungen stabilisiert wird, die eine größere Erwärmung verhindern würden.

Die Klimasensitivität

Wie stark ist die Wirkung von CO_2 und den anderen anthropogenen Treibhausgasen auf das Klima? Anders ausgedrückt: Wenn sich der Strahlungshaushalt um 3 Watt/m² (oder einen anderen Betrag) ändert, wie stark erhöht sich dann die Temperatur? Diese Frage ist die entscheidende Frage für unser gegenwärtiges Klimaproblem. Klimaforscher beschreiben die Antwort darauf mit einer Maßzahl, der so genannten Klimasensitivität. Man kann sie in Grad Celsius pro Strahlungseinheit (°C/(Watt/m²)) angeben. Einfacher und bekannter ist die Angabe der Erwärmung im Gleichgewicht infolge der Verdoppelung der CO_2-Konzentration (von 280 auf 560 ppm), was einem Strahlungsantrieb von knapp 4 Watt/m² entspricht.

Wir erwähnten zu Beginn des Kapitels bereits die dafür als gesichert geltende Spanne von 1,5 bis 4,5 °C. Wie kann man diese Klimasensitivität bestimmen? Dafür gibt es drei grundsätzlich verschiedene Methoden.

(1) Man kann von der Physik ausgehen, nämlich von der im Labor gemessenen Strahlungswirkung von CO_2, die ohne jede Rückkopplung direkt eine Erwärmung um 1,2 °C bei einer Ver-

doppelung der Konzentration bewirken würde. Dann muss man noch die Rückkopplungen im Klimasystem berücksichtigen: Im Wesentlichen Wasserdampf, Eis-Albedo und Wolken. Dazu benutzt man Modelle, die am gegenwärtigen Klima mit seinem Jahresgang und zunehmend auch an anderen Klimazuständen (etwa Eiszeitklima) getestet sind. Damit ergibt sich eine Klimasensitivität von 2,0 bis 4,5 °C. Die Unsicherheit stammt überwiegend vom Unwissen über das Verhalten der Wolken. Derzeit laufen umfangreiche Messprogramme, bei denen an verschiedenen Orten der Erde die kontinuierlich gemessene Wolkenbedeckung mit Modellberechnungen verglichen wird, um diese Unsicherheit weiter zu verringern.

(2) Man kann von Messdaten ausgehen und aus vergangenen Klimaschwankungen durch eine so genannte Regressionsanalyse den Einfluss einzelner Faktoren zu isolieren versuchen. Dafür eignen sich zum Beispiel die Eiszeitzyklen der letzten Jahrhunderttausende, bei denen die CO_2-Konzentration stark schwankte. Das für die Bohrung des Wostok-Eiskerns in der Antarktis (Abb. 1.1) verantwortliche französische Team um Claude Lorius hat schon 1990 anhand dieser Daten eine solche Analyse durchgeführt;[3] sie ergab eine Klimasensitivität von 3 bis 4 °C. Seither sind solche Analysen für eine Reihe von Klimaten der Erdgeschichte gemacht worden, auch für Warmklimate. Eine Metaanalyse dieser Studien ergab eine Klimasensitivität zwischen 2,2 und 4,8 °C.[53]

(3) Eine dritte Methode ist durch Fortschritte in der Modellentwicklung und Computerleistung möglich geworden. Dabei nimmt man ein Klimamodell und variiert darin systematisch die wesentlichen noch unsicheren Parameterwerte innerhalb ihrer Unsicherheitsspanne (z. B. Parameter, die bei der Berechnung der Wolkenbedeckung verwendet werden). Man erhält dadurch eine große Zahl verschiedener Modellversionen – in der in meiner Arbeitsgruppe am Potsdam-Institut durchgeführten Untersuchung waren es eintausend Versionen.[54] Weil in diesen Modellversionen die oben genannten Rückkopplungen unterschiedlich stark ausfallen, haben sie alle eine andere Klimasensitivität. Dies allein schon gibt einen Hinweis darauf, welche Spanne der Klimasensi-

Die Klimasensitivität 43

tivität bei extremen Annahmen als physikalisch noch denkbar gelten kann. In unserer Studie ergaben sich in den extremsten Modellversionen Klimasensitivitäten von 1,3 °C und 5,5 °C.

Im nächsten Schritt werden alle tausend Modellversionen mit Beobachtungsdaten verglichen und jene (fast 90 %) als unrealistisch aussortiert, die das heutige Klima nicht anhand eines zuvor definierten Kriterienkataloges hinreichend gut wiedergeben. Damit wurde die Klimasensitivität bereits etwas eingeschränkt (auf 1,4 bis 4,8 °C). Entscheidend für die Methode ist jedoch ein anderer Test: Mit allen Modellversionen wurde das Klima auf dem Höhepunkt der letzten Eiszeit simuliert und all jene Modellversionen aussortiert, die das Eiszeitklima nicht realistisch wiedergaben. Das Eiszeitklima ist ein guter Test, weil es die jüngste Periode der Klimageschichte ist, in der ein wesentlich anderer CO_2-Gehalt der Atmosphäre herrschte als heute. Zudem gibt es eine Vielzahl guter Klimadaten aus dieser Zeit. Ist die Klimasensitivität im Modell zu hoch, ergibt sich ein unrealistisch kaltes Eiszeitklima. So konnte die Obergrenze der Klimasensitivität auf 4,3 °C eingeschränkt werden. Andere Ensemble-Studien konnten die untere Grenze auf etwa 2 °C eingrenzen.

Zusammenfassend kann man sagen, dass drei ganz unterschiedliche Methoden jeweils zu Abschätzungen der Klimasensitivität kommen, die konsistent mit der noch aus den 1970er Jahren stammenden (beim damaligen Kenntnisstand noch auf tönernen Füßen stehenden) «traditionellen» Abschätzung von 1,5 bis 4,5 °C sind. Dabei kann man einen Wert nahe an 3 °C als den wahrscheinlichsten Schätzwert ansehen. Verschiedene Ensemble-Studien mit vielen Modellversionen (Methode 3) zeigen jeweils, dass die allermeisten der Modellversionen nahe 3 °C liegen. Ein weiteres Indiz ist, dass die neuesten und besten der großen Klimamodelle in ihrer Klimasensitivität zunehmend bei Werten nahe 3 °C konvergieren (Methode 1) – Modelle nahe den Rändern der traditionellen Spanne sind meist ältere Typen mit gröberer räumlicher Auflösung und einer weniger detaillierten Beschreibung der physikalischen Prozesse. Ein Wert von 3 °C ist zudem konsistent mit Eiszeitdaten und vergangenen Warmklimaten (Methoden 2 und 3). Es ist daher unseres Erachtens

44   2. Die globale Erwärmung

eine realistische Zusammenfassung des Sachstandes, die Klimasensitivität als $3 \pm 1\,°C$ anzugeben, wobei die $\pm 1\,°C$ etwa der in der Physik bei der Fehlerdarstellung üblichen $95\,\%$-Spanne entsprechen.

Wir verwenden auf die Klimasensitivität so viel Zeit, weil deren Wert für die Zukunft wichtiger ist als alles, was zuvor in diesem Kapitel über den bereits beobachteten Temperaturanstieg und seine Verursachung durch den Menschen gesagt wurde. Die Klimasensitivität sagt uns nämlich, welchen Klimawandel wir in Zukunft zu erwarten haben, wenn wir einen bestimmten Anstieg der CO_2-Konzentration verursachen. Für die Wahl des künftigen Energiesystems ist dies die entscheidende Frage.

Sind die Abschätzungen der Klimasensitivität mit dem jüngst beobachteten Erwärmungstrend vereinbar? Der derzeitige Strahlungsantrieb der Treibhausgase (3 Watt/m²) würde mit dem wahrscheinlichsten Wert der Klimasensitivität ($3\,°C$ für Verdopplung des CO_2) eine Erwärmung von ca. $2\,°C$ ergeben – allerdings erst im Gleichgewicht, also nach langer Zeit. Durch die Trägheit der Ozeane hinkt die Reaktion des Klimasystems aber hinterher – nach Modellrechnungen sollten bislang etwa die Hälfte bis zwei Drittel der Gleichgewichtserwärmung realisiert sein, also mehr als $1\,°C$. Man sieht an dieser einfachen Überschlagsrechnung, dass die Treibhausgase (im Gegensatz zu allen anderen Ursachen) problemlos die gesamte Erwärmung des 20. Jahrhunderts erklären können. Sogar noch etwas darüber hinaus – die geringere beobachtete Erwärmung lässt sich dadurch erklären, dass die Treibhausgase ja nicht der einzige Einflussfaktor sind. Es gibt auch noch den kühlenden Effekt der besonders zwischen 1940 und 1970 ebenfalls durch menschliche Aktivitäten angestiegenen Aerosolkonzentration, der eine Größenordnung von ca. 1 Watt/m² hat. Genauere Berechnungen müssen mit Modellen erfolgen, da bei den Aerosolen auch die räumliche Verteilung des Antriebs wichtig ist und eine einfache Betrachtung globaler Werte nicht ausreicht.

Rund 20 Forschungsinstitute aus verschiedenen Ländern entwickeln solche großen Klimamodelle, deren Ergebnisse für die vergangene und zukünftige Klimaentwicklung in die Berichte

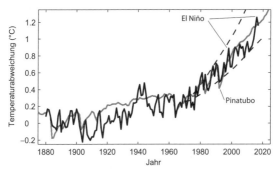

Abb. 2.5: Verlauf der globalen Temperatur seit 1880, aus Messdaten (schwarze Kurve) und im Mittelwert der Modellsimulationen des 5. IPCC-Berichts (graue Linie). Die gestrichelten Linien zeigen den Bereich der Prognosen aus dem ersten IPCC-Bericht von 1990. Der Mittelwert der Modelle erfasst interne Schwankungen wie El Niño nicht, da deren Abfolge zufällig ist und sich über viele Simulationen herausmittelt. Er erfasst aber die Reaktion auf Vulkanausbrüche wie den Pinatubo 1991, die im Modellantrieb enthalten sind.

des IPCC einfließen. Die Simulationsrechnungen zeigen eine gute Übereinstimmung zwischen dem beobachteten zeitlichen Verlauf der Temperatur und demjenigen, der bei Berücksichtigung der verschiedenen Antriebsfaktoren vom Modell berechnet wird (Abb. 2.5). Die im 20. Jahrhundert beobachtete Klimaerwärmung ist daher vollkommen konsistent mit dem, was in der obigen Diskussion über die Klimasensitivität gesagt wurde. Näher eingrenzen lässt sich die Klimasensitivität mit Daten des 20. Jahrhunderts allerdings bislang nicht, weil die Unsicherheit über die Aerosolwirkung zu groß ist – falls deren kühlende Wirkung sehr groß ist, wäre auch eine sehr hohe Klimasensitivität noch vereinbar mit dem gemessenen Temperaturverlauf.

Projektionen für die Zukunft

Um die Auswirkungen eines künftigen weiteren Anstiegs der Treibhausgaskonzentration abzuschätzen, wird in der Klimaforschung in Modellrechnungen eine Reihe von Zukunftsszenarien durchgespielt. Diese Szenarien sind keine Prognosen.

46   2. Die globale Erwärmung

Sie dienen vor allem dazu, die Konsequenzen verschiedener Handlungsoptionen zu beleuchten, und funktionieren nach dem «Wenn-dann-Prinzip»: «Wenn das CO_2 um X ansteigen würde, würde dies zu einer Erwärmung um Y führen.»

Es soll also nicht vorhergesagt werden, wie viel CO_2 künftig emittiert wird, sondern es sollen die möglichen Folgen untersucht werden. Falls sich die Weltgemeinschaft dafür entscheidet, Klimaschutz zu betreiben und die CO_2-Konzentration zu stabilisieren, treten die pessimistischeren Szenarien nicht ein – das bedeutet natürlich nicht, dass dies dann «falsche Vorhersagen» waren, vielmehr wären diese Szenarien eine rechtzeitige Vorwarnung gewesen.

Darüber hinaus untersuchen die Szenarien in der Regel nur den *menschlichen* Einfluss auf das Klima, welchem sich aber auch noch natürliche Klimaschwankungen überlagern. Eine bestimmte Szenariorechnung könnte etwa zeigen, dass angenommene anthropogene Emissionen bis zum Jahr 2050 zu einer weiteren Erwärmung um 1 °C im globalen Mittel führen. Die tatsächliche Temperatur im Jahr 2050 wird aber wahrscheinlich davon abweichen, selbst wenn die Emissionen wie angenommen eintreten und die Rechnung vollkommen korrekt war – natürliche Faktoren könnten das Klima etwas kühler oder wärmer machen. Sowohl Modellrechnungen als auch vergangene Klimadaten legen allerdings nahe, dass diese natürlichen Schwankungen über einen Zeitraum von 50 Jahren sehr wahrscheinlich nur wenige Zehntel Grad betragen werden. Im Extremfall könnten aber sehr große Vulkanausbrüche oder ein Meteoriteneinschlag zumindest für einige Jahre die gesamte Erwärmung zunichte machen und sogar eine Abkühlung unter das heutige Niveau hervorrufen. Die Naturgewalten werden immer zu einem gewissen Grade unberechenbar bleiben. Dies sollte den Menschen jedoch nicht daran hindern, sich über die Konsequenzen seines eigenen Handelns im Klaren zu sein.

Zur Berechnung von Klimaszenarien benötigt man zunächst Emissionsszenarien, also Annahmen über den künftigen Verlauf der menschlichen Emissionen von Kohlendioxid, anderen Treibhausgasen und Aerosolen. Dazu arbeiten Experten für Bevölke-

Projektionen für die Zukunft   47

rungsentwicklung, Energiesystem, Wirtschaft und Emissionen zusammen, um eine breite Spanne von plausiblen künftigen Entwicklungen darzustellen, die sich aus unterschiedlichen Annahmen ergeben. Die aktuelle Version sind die sogenannten RCP-Szenarien, das Kürzel steht für Representative Concentration Pathways.[55] Am pessimistischen Ende wachsen die Emissionen bis zum Jahr 2100 um das Zweieinhalbfache; die optimistische Variante ist eine sofortige Emissionswende und Emissionen, die dann auf null oder sogar leicht darunter sinken, also eine aktive Entfernung von CO_2 aus der Atmosphäre (siehe Kap. 5).

Die CO_2-Konzentration steigt in diesen Szenarien bis zum Jahr 2100 auf 420 bis 940 ppm (also ein Anstieg von 50% bis 230% über den vorindustriellen Normalwert von 280 ppm). Dabei ist berücksichtigt, dass Ozeane und Biosphäre einen Teil unserer Emissionen aufnehmen. Allerdings könnte der Klimawandel diese Kohlenstoffaufnahme beeinträchtigen, wenn die biologische Pumpe im Ozean oder die Wälder unter Versauerung, Erwärmung und Trockenheit leiden. Dann könnte der CO_2-Anstieg in der Luft noch höher ausfallen. Der gesamte anthropogene Strahlungsantrieb im Jahr 2100 (alle Treibhausgase und Aerosole) variiert in diesen Szenarien zwischen 2,5 und 8,5 Watt/m².

Um die denkbaren Auswirkungen dieser Szenarien auf die globale Mitteltemperatur zu berechnen, wurden für den letzten IPCC-Bericht Klimamodelle damit angetrieben, die weitgehend die Spanne der Unsicherheit in der Klimasensitivität erfassen. Bei weiter wachsenden Emissionen, im RCP8.5-Szenario, sind bis 2100 mehr als 4 Grad und bis 2200 mehr als 6 Grad zu erwarten (Abb. 2.6).[56] Das ist mehr als der Unterschied zwischen der letzten Eiszeit und dem Holozän! Im Klimaschutzszenario RCP3 kann dafür die globale Erwärmung voraussichtlich unter der 2-Grad-Grenze gestoppt werden. Allerdings liegen die Emissionen schon heute deutlich über diesem exemplarischen Pfad – es sind also noch raschere Emissionsminderungen notwendig als dort angenommen, um noch das gleiche Ergebnis zu erzielen.

Selbst wenn die globale Erwärmung deutlich unter 2 Grad

2. Die globale Erwärmung

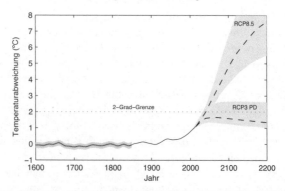

Abb. 2.6: Klimaentwicklung in Vergangenheit und Zukunft. Gezeigt sind die Messdaten der Wetterstationen (globales Mittel) und für die Zukunft drei IPCC-Szenarien bis zum Jahr 2100 (gestrichelt, B1, A2 und A1FI) mit ihren Unsicherheitsspannen). Selbst im optimistischsten der Szenarien wird die Erwärmung weit über die natürlichen Schwankungen der abgelaufenen Jahrhunderte hinausgehen. Dies gilt unabhängig von der Unsicherheit über den vergangenen Klimaverlauf: Gezeigt ist als Beispiel die Rekonstruktion von Mann et al. (2008).[57] Das weltweit offiziell anerkannte Ziel der Klimapolitik von maximal 2°C Erwärmung könnte ohne effektive Gegenmaßnahmen bereits in einigen Jahrzehnten überschritten werden.

über dem Niveau des 19. Jahrhunderts gestoppt wird, wird unser Planet Temperaturen erreichen, wie es sie höchstwahrscheinlich seit mindestens 100 000 Jahren nicht auf der Erde gegeben hat. Im pessimistischen Fall dagegen werden wir die mittlere Temperatur der Erde von ca. 15 °C auf über 20 °C erhöhen – eine Erwärmung, die selbst über viele Jahrmillionen einzigartig wäre.

Könnte es noch schlimmer kommen? Wenn auch nach gegenwärtigem Kenntnisstand nicht sehr wahrscheinlich, ist leider auch dies nicht ausgeschlossen – neuere Studien deuten auf die Gefahr einer größeren Freisetzung von CO_2 aus der Biosphäre infolge der Erwärmung hin, oder das Entweichen von Methan aus Permafrostböden und vom Meeresgrund. So könnten wir selbst bei erfolgreicher Reduktion unserer Emissionen die Kontrolle über die Klimaentwicklung verlieren.[58]

Könnte es auch glimpflicher ausgehen als 2 °C Erwärmung? Nichts spricht dafür, dass die Natur uns auf einmal einen noch größeren Anteil unserer Emissionen abnehmen wird als bislang. Und alles spricht gegen eine Klimasensitivität, die noch geringer ist als 2 °C. Auch auf eine rasche und extrem starke Abnahme der Sonnenaktivität oder auf eine ganze Serie kühlende Vulkaneruptionen können wir kaum hoffen. So liegt es letztlich ganz in unserer Hand, die Klimaerwärmung in erträglichen Grenzen zu halten.

Wie sicher sind die Aussagen?

Die Frage nach der Sicherheit unseres Wissens kann man auch so stellen: Welche neuen Ergebnisse wären denkbar, die diese Erkenntnis erschüttern? Nehmen wir hypothetisch an, man würde schwere Fehler in einer ganzen Reihe von Datenanalysen finden und käme zur Erkenntnis, das Klima sei im Mittelalter doch bereits wärmer gewesen als heute. Daraus müsste man folgern, dass die Erwärmung im 20. Jahrhundert nicht ganz so ungewöhnlich ist wie bislang gedacht und dass auch natürliche Ursachen noch im letzten Jahrtausend ähnlich große Schwankungen verursacht hätten. Es würde folgen, dass die natürlichen Schwankungen, die sich jedem menschlichen Einfluss auf das Klima überlagern, größer sind als gedacht. Es würde jedoch *nicht* daraus folgen, dass auch die Erwärmung im 20. Jahrhundert natürliche Ursachen hat, denn die im Abschnitt «Die Ursachen der Erwärmung» genannten Argumente bleiben davon unberührt. Eine Leiche mit einem Messer im Rücken weckt starken Mordverdacht – dass Menschen auch aus natürlichen Gründen sterben wäre da kein stichhaltiges Gegenargument. Und, das ist das Entscheidende: Es würde *nicht* daraus folgen, dass die Klimasensitivität geringer ist als bislang angenommen. Wenn überhaupt, könnte man aus größeren Schwankungen in der Vergangenheit auf eine größere Klimasensitivität schließen – aber auch dies ist hier nicht der Fall, weil die oben geschilderten Abschätzungen der Klimasensitivität die Proxy-Daten des abgelaufenen Jahrtausends überhaupt nicht verwenden, sie sind also von möglichen neuen Erkenntnissen über diese Zeitperiode weitgehend unabhängig. Solange die Abschätzung der Klimasensitivität nicht revidiert wird, bleibt auch die Warnung vor der Wirkung unserer CO_2-Emissionen unverändert.

Nehmen wir an, neue Erkenntnisse würden eine starke Wirkung der Sonnenaktivität auf die Wolkenbedeckung ergeben, etwa durch Veränderung des Erdmagnetfeldes und der auf die Erde auftreffenden kosmischen Strahlung (ein solcher Zusammenhang wurde einige Jahre lang diskutiert, ist aber inzwischen praktisch widerlegt). Man hätte dann einen Mechanismus gefunden, wodurch die Sonnenschwankungen sich wesentlich stärker auf das Klima auswirken als bislang gedacht. Daraus würde jedoch *nicht* folgen, dass die Erwärmung der letzten Jahrzehnte durch Sonnenaktivität verursacht wurde, denn weder Sonnenaktivität noch kosmische Strahlung weisen seit 1940 einen Trend auf.[47] Einen Erwärmungstrend kann man so deshalb nicht erklären. Und nochmals: Die Abschätzungen der Klimasensitivität, und damit der zukünftigen Erwärmung durch unsere Emissionen, blieben davon unberührt.

Diese Beispiele illustrieren eine Grundtatsache: Der einzige wissenschaftliche Grund für eine Entwarnung wäre, wenn man die Abschätzung der Klimasensitivität stark nach unten korrigieren müsste. Und dafür gibt es nur eine Möglichkeit: Es müsste starke negative Rückkopplungen geben, die die Reaktion des Klimasystems auf die Störung des Strahlungshaushaltes durch CO_2 abschwächen.

Der Amerikaner Richard Lindzen, der vielen als der einzige fachlich ernst zu nehmende Skeptiker einer anthropogenen Erwärmung gilt, verwendet daher auch genau dieses Argument. Er postuliert einen starken negativen Rückkopplungseffekt in den Tropen, den von ihm so genannten Iris-Effekt, der dort eine Klimaänderung verhindert. Er hält deshalb die Klimasensitivität für praktisch gleich null. Auf das Argument, es habe in der Vergangenheit Eiszeiten und andere starke Klimaänderungen gegeben, erwiderte Lindzen, dabei habe sich nur die Temperatur der hohen Breitengrade verändert, die globale Mitteltemperatur jedoch kaum.[59] Zu der Zeit, als Lindzen seine Iris-Theorie aufstellte, konnte man in der Tat aufgrund der unsicheren Daten noch so argumentieren; inzwischen gilt unter Paläoklimatologen durch neue und verbesserte Proxy-Daten aber als gesichert, dass sich auch die Temperaturen der Tropen bei früheren Klimaänderungen um mehrere Grad verändert haben. Auf dem Höhepunkt der letzten Eiszeit lag auch die globale Mitteltemperatur nach heutiger Kenntnis 4 bis 7 °C unterhalb der derzeitigen. Deshalb (und weil er bislang empirische Belege für den Iris-Effekt schuldig geblieben ist) konnte Lindzen kaum einen Fachkollegen für seine Hypothese gewinnen.

Die erheblichen Klimaschwankungen der Klimageschichte sind das stärkste Argument dafür, dass das Klimasystem tatsächlich sensibel reagiert und die heutige Abschätzung der Klimasensitivität so falsch nicht sein kann. Gäbe es starke negative Rückkopplungen, die eine größere Klimaänderung verhindern würden, dann wären auf einmal die meisten Daten der Klimageschichte unverständlich. Hunderte von Studien wären allesamt falsch, und wir müssten beim Schreiben der Klimageschichte ganz von vorne anfangen. Doch eine solche noch unbekannte negative Rückkopplung wäre der einzige Ausweg aus der ansonsten unausweichlichen Folgerung, dass eine Erhöhung der Treibhausgaskonzentration die von den Klimatologen vorhergesagte Erwärmung verursachen wird. Es wäre töricht, auf die winzige Chance zu hoffen, dass künftig eine solche negative Rückkopplung entdeckt werden wird.

Zusammenfassung

Einige wichtige Kernaussagen haben sich in den abgelaufenen Jahrzehnten der Klimaforschung so weit erhärtet, dass sie unter den aktiven Klimaforschern allgemein als gesichert gelten und nicht mehr umstritten sind. Zu diesen Kernaussagen gehören:

(1) Die Konzentration von CO_2 in der Atmosphäre ist seit ca. 1850 stark angestiegen, von dem für Warmzeiten seit mindestens 800 000 Jahren typischen Wert von 280 ppm auf inzwischen 410 ppm.

(2) Für diesen Anstieg ist der Mensch verantwortlich, in erster Linie (zu einem Viertel) durch die Verbrennung fossiler Brennstoffe, in zweiter Linie durch Abholzung von Wäldern.

(3) CO_2 ist ein klimawirksames Gas, das den Strahlungshaushalt der Erde verändert: Ein Anstieg der Konzentration führt zu einer Erwärmung der oberflächennahen Temperaturen. Bei einer Verdoppelung der Konzentration liegt die Erwärmung im globalen Mittel sehr wahrscheinlich bei 3 ± 1 °C.

(4) Das Klima hat sich seit Ende des 19. Jahrhunderts deutlich erwärmt (global um ca. 1,1 °C, in Deutschland um ca. 1,8 °C); die Temperaturen der abgelaufenen zehn Jahre waren global die wärmsten seit Beginn der Messungen im 19. Jahrhundert und seit mindestens mehreren Jahrtausenden davor.

(5) Der weit überwiegende Teil dieser Erwärmung ist auf die gestiegene Konzentration von CO_2 und anderen anthropogenen Gasen zurückzuführen; ein kleinerer Teil auf natürliche Ursachen, u. a. Schwankungen der Sonnenaktivität.

Aus den Punkten 1 bis 3 folgt, dass die bislang schon sichtbare Klimaänderung nur ein kleiner Vorbote viel größerer Veränderungen ist, die bei einem ungebremsten weiteren Anstieg der Treibhausgaskonzentration eintreten werden. Bei Annahme einer Reihe plausibler Szenarien für die künftigen Emissionen, und unter Berücksichtigung der verbleibenden Unsicherheiten in der Berechenbarkeit des Klimasystems, rechnet das IPCC in seinem letzten Bericht mit einem globalen Temperaturanstieg von bis zu 6 Grad allein bis zum Jahr 2100 (relativ zum späten 19. Jahrhundert). Dabei sind nach neueren Studien auch noch höhere Werte nicht ausgeschlossen, wenn es zu verstärkenden Rückkopplungen im Kohlenstoffkreislauf kommen sollte.

Die letzte vergleichbar große globale Erwärmung gab es, als vor ca. 15 000 Jahren die letzte Eiszeit zu Ende ging: Damals erwärmte sich das Klima global um ca. 5 °C. Doch diese Erwärmung erfolgte über einen Zeitraum von 5000 Jahren – der Mensch droht nun einen ähnlich einschneidenden Klimawandel innerhalb eines Jahrhunderts herbeizuführen. Einige der möglichen Auswirkungen werden wir im nächsten Kapitel diskutieren.

3. Die Folgen des Klimawandels

Wie wir im letzten Kapitel gesehen haben, stecken wir bereits mitten in einem erheblichen Anstieg der mittleren globalen Temperatur um voraussichtlich mehrere Grad Celsius. Diese mittlere globale Temperatur ist allerdings nur eine berechnete Größe. Niemand kann sie direkt erfahren; Pflanzen, Tiere und Menschen leben an bestimmten Orten, und regional kann die Ausprägung des Klimawandels sehr unterschiedlich aussehen. Selbst an einem Ort erlebt niemand die mittlere Jahrestemperatur; man erlebt das Auf und Ab im Tages- und Jahreslauf und die Extreme des Wetters, und die Temperatur kann ein weniger wichtiger Aspekt des Klimawandels sein als z. B. veränderte Niederschläge. In diesem Kapitel wird uns daher die Frage beschäftigen, welche konkreten Auswirkungen durch den Klimawandel zu erwarten und welche heute bereits zu beobachten sind.

Zum Verständnis sind dabei einige Vorbemerkungen wichtig. Die regionale Ausprägung des Klimawandels hängt stark von der atmosphärischen und ozeanischen Zirkulation ab – Veränderungen dieser Zirkulation können z. B. die Zugbahn von Tiefdruckgebieten oder die vorherrschende Windrichtung verändern und damit zu stark veränderten Temperaturen und Niederschlägen führen. Daher gibt es regional stärkere Schwankungen als global (vgl. Abb. 2.3 und 2.4), und das regionale Klima hängt von komplexeren und schwerer berechenbaren Prozessen ab als die globale Mitteltemperatur (die durch die relativ einfache globale Strahlungsbilanz bestimmt ist, siehe Kap. 1). Regionale Aussagen sind daher grundsätzlich mit größerer Unsicherheit behaftet als globale Aussagen. Eine andere Faustregel lautet, dass Aussagen über Niederschläge in der Regel unsicherer sind als Aussagen über Temperaturen, da die Entstehung von Schnee oder Regen mit komplexen und teils sehr kleinräumigen physikalischen Prozessen verbunden ist.

54   *3. Die Folgen des Klimawandels*

Eine weitere Vorbemerkung betrifft die bereits heute zu be-
obachtenden Auswirkungen des Klimawandels. Hier ist zu be-
denken, dass die globale Erwärmung bislang lediglich ca. 1,1 °C
betragen hat. Typische, moderate Erwärmungsszenarien lassen
jedoch eine Erwärmung um ca. 3 °C bis Ende dieses Jahrhunderts
erwarten. Wir haben also bislang nur den kleineren Teil der
Erwärmung gesehen, die uns in diesem Jahrhundert ohne ent-
schlossene Gegenmaßnahmen bevorstehen wird.

Das erschwert den Nachweis von bereits eingetretenen Folgen der Erwärmung, weil das gesuchte «Signal» bislang noch
klein ist. Dennoch sind viele Folgen der Erwärmung inzwischen
deutlich zutage getreten. Was zur Zeit der Erstauflage dieses
Buches im Jahr 2006 noch vermutet und befürchtet wurde, ist
inzwischen oft eingetreten und belegt.

Manche Auswirkungen sind stark nichtlinear. Ökologen rechnen zum Beispiel damit, dass eine moderate Erhöhung des CO_2
günstig für das Waldwachstum ist, während es bei einer zu
starken Klimaänderung zum Absterben von Wäldern kommen
dürfte – in diesem Fall gehen also die ersten beobachteten Auswirkungen in die entgegengesetzte Richtung dessen, was für die
Zukunft zu erwarten ist.[60] Ein anderes Beispiel dafür ist der
Wasserabfluss in Gletscherflüssen, der zunächst durch die Glet-
scherschmelze zunehmen, dann aber nach Verschwinden der
speisenden Gletscher versiegen wird.

Im Folgenden werden wir einige der wichtigsten Auswirkungen des Klimawandels skizzieren, angefangen mit recht einfachen
physikalischen Effekten wie dem Rückgang der Eismassen und
dem Anstieg des Meeresspiegels über komplexere physikalische
Wirkungen auf die atmosphärische und ozeanische Zirkulation
und auf Wetterextreme bis hin zu den Auswirkungen auf Ökosysteme, Landwirtschaft und Gesundheit. Dabei können in der
Kürze eines Kapitels natürlich nicht alle möglichen Auswirkungen behandelt werden. Zudem muss bei einem so starken Ein-
griff in ein so komplexes System wie dem Erdsystem stets auch
mit Überraschungen gerechnet werden – also mit Wirkungen,
an die zuvor kein Wissenschaftler gedacht hat oder die zunächst
nicht ersichtlich sind. Die Entstehung des Ozonlochs ist ein

warnendes Beispiel: Jahrzehntelang wurden Fluorchlorkohlenwasserstoffe (FCKWs) industriell hergestellt und vielseitig verwendet, ohne dass jemand daran gedacht hätte, dass diese Stoffe die Ozonschicht zerstören könnten. Die Konzentration von FCKW verdreifachte sich in der Atmosphäre ohne schädliche Wirkung – erst als sie den kritischen Wert von 2 ppb erreichte, kollabierte die Ozonschicht über der Antarktis.

Der Gletscherschwund

Zu den sichtbarsten Auswirkungen der Klimaerwärmung gehört der Rückgang der Gebirgsgletscher (siehe vordere Umschlaginnenseite). Selbst wenn wir nicht über zuverlässige Messreihen aus dem globalen Netzwerk der Wetterstationen verfügen würden, wäre der u. a. durch historische Fotos und durch die von Gletschern zurückgelassenen Endmoränen belegte weltweite Gletscherschwund ein klarer Indikator für den Klimawandel. In den Alpen haben die Gletscher seit Beginn der Industriellen Revolution mehr als die Hälfte ihrer Masse verloren; in letzter Zeit hat der Rückgang sich beschleunigt.[61] Ein ähnlich deutlicher Rückgang ist fast überall auf der Welt zu beobachten.

Da Gletscher sensibel auf Klimaveränderungen reagieren, sind sie eine Art Frühwarnsystem – der amerikanische Gletscherexperte Lonnie Thompson nennt sie die «Kanarienvögel im Bergwerk» des Klimasystems. Die Massenbilanz von Gletschern hängt dabei nicht nur von der Temperatur, sondern auch von den Niederschlägen und der Sonneneinstrahlung ab – dennoch gilt in der Regel, dass in einem wärmeren Klima die Gletscher kleiner sind. Nur in speziellen Ausnahmefällen sind Veränderungen in Niederschlag und Bewölkung so stark, dass sich Gletscher trotz einer Erwärmung ausdehnen – dies kommt in Gebieten mit besonders großen und variablen Niederschlagsmengen vor, insbesondere bei den maritimen Gletschern Norwegens. In Neuseeland stießen die Gletscher zwischen 1983 und 2008 wegen einer lokalen Abkühlungsphase vor, haben aber seither den vorübergehenden Zugewinn an Masse längst wieder verloren.

Der rapide Schwund der arktischen Gletscher auf Island,

3. Die Folgen des Klimawandels

Grönland und Alaska ist in dem sehenswerten Dokumentarfilm «Chasing Ice» spannend und in großartigen Aufnahmen erzählt. Ein interessantes Beispiel für tropische Gletscher bietet die Eiskappe auf dem Kilimandscharo, eine der wichtigsten Touristenattraktionen in Tansania. Thompson leitet dort ein Messprogramm und hat den Rückgang des Eises dokumentiert. Bohrungen in der Eiskappe reichen 11 700 Jahre zurück; sie belegen also, dass das Eis im Holozän niemals ganz verschwunden war. Zudem zeigen sich im Eis aus dem späten 20. Jahrhundert erstmals veränderte Kristallstrukturen, die auf Abschmelzen und erneutes Gefrieren zurückgehen. Während Thompson 2002 in *Science* noch ein Verschwinden der Eiskappe innerhalb von 20 Jahren befürchtete, hat sich dies zum Glück nicht bewahrheitet. In den 15 Jahren seither hat das Eis aber sechs Meter an Dicke verloren.[62]

Thompson hat in entbehrungsreichen Expeditionen Bohrkerne aus vielen tropischen Gletschern in sein Labor in Ohio gebracht, u. a. aus dem Himalaja und den Anden. So konnte er belegen, dass die für das Holozän außergewöhnliche Klimaerwärmung typisch für tropische Gebirgsregionen auf allen Kontinenten ist; sie kann also nicht allein durch ein lokales Phänomen (etwa Abholzung an den Hängen des Kilimandscharo) verursacht worden sein.[63]

Die starke Reaktion vieler Gletscher bereits auf eine relativ geringe Erwärmung deutet darauf hin, dass bei einer globalen Erwärmung um mehrere Grad die meisten Gebirgsgletscher der Welt verschwinden werden. Gletscher dienen als Wasserspeicher, die auch bei stark saisonalen Niederschlägen ganzjährig Schmelzwasser abgeben und Flüsse speisen. In vielen Gebirgsregionen hängt die Landwirtschaft oder die städtische Wasserversorgung (z. B. in Perus Hauptstadt Lima) von dieser Wasserquelle ab; ihr Verschwinden wird daher regional zu erheblichen Problemen führen und bedroht viele Millionen Menschen mit Wassermangel.

Rückgang des polaren Meereises

Am Nordpol liegt der arktische Ozean, der von einer im Mittel ca. zwei Meter dicken Eisschicht bedeckt ist. Satellitendaten zeigen die fortschreitende Schrumpfung dieser Eisdecke.[64] Der bisherige Tiefststand wurde im September 2012 mit 3,5 Millionen Quadratkilometern erreicht – weniger als die Hälfte der Fläche, die noch in den 1970er und 1980er Jahren im September üblich war. Paläoklimatische Daten zeigen, dass es zumindest in den letzten 1450 Jahren keinen vergleichbaren Eisverlust in der Arktis gegeben hat.[65] Gleichzeitig hat die Eisdicke ebenfalls um rund die Hälfte abgenommen, sodass bereits rund drei Viertel der sommerlichen Eismasse auf dem arktischen Ozean verloren gegangen ist. Ältere Modellszenarien gingen noch davon aus, dass gegen Ende des Jahrhunderts der arktische Ozean im Sommer eisfrei sein könnte. Inzwischen erscheint es wahrscheinlicher, dass dies sogar bereits vor der Mitte des Jahrhunderts der Fall sein wird.

Der Rückgang des arktischen Meereises hat eine Reihe von Konsequenzen. Physikalisch erwartet man, dass der Ersatz der weißen, viel Sonnenlicht reflektierenden Eisfläche durch dunkles Wasser die Energiebilanz der Polarregion drastisch verändert, die Erwärmung verstärkt und voraussichtlich die atmosphärische und ozeanische Zirkulation stark beeinflusst. Es verdichten sich die Belege, dass dies tatsächlich geschieht (siehe den Abschnitt zu Wetterextremen).

Der Lebenszyklus vieler Tiere hängt vom Meereis ab, etwa der der Eisbären und Walrosse, einiger Seehundarten und Seevögel, die in ihrem Bestand zurückgehen oder vom Aussterben bedroht würden.

Die Jahrtausende alte Jagdkultur der Inuit wäre ebenfalls gefährdet. Durch den Rückzug des Eises verlieren die arktischen Küsten ihren Schutz vor Erosion durch Wellen bei Sturm. Aus diesem Grund muss die Ortschaft Shishmaref bereits umgesiedelt werden; weitere werden wohl folgen. Doch manche erhoffen sich bereits neue Chancen für die Wirtschaft – so ermöglicht der Rückgang des Eises die Öffnung des arktischen Ozeans für die Schifffahrt. Im Februar 2018 durchquerte erstmals ein Frachter im Winter die Arktis ohne Eisbrecher – nachdem 2007 erstmals seit Menschengedenken die Nordwestpassage offen war.

In der Antarktis liegt ein Kontinent am Pol, um den herum sich im Winter ein Kranz von Meereis bildet, dessen flächenhafte Ausdehnung stark mit den Winden korreliert. Diese Fläche zeigte zunächst einen leichten Aufwärtstrend, wahrscheinlich aufgrund der zunehmenden Winde. Sie hat jedoch 2017 ein Rekordminimum erreicht. Die globale Meereisdecke im Jahresmittel erreichte 2017 und 2016 die bislang niedrigsten Werte seit Beginn der Satellitenmessungen.

Tauen des Permafrosts

Sowohl in Gebirgsregionen als auch in polaren Breiten ist der Erdboden (bis auf eine dünne Oberflächenschicht im Sommer) dauerhaft gefroren; man nennt dies Permafrost. Aufgrund der Erwärmung tauen Permafrostböden auf. Im Gebirge werden dadurch Abhänge instabil, und es kommt zu Bergstürzen und Murenabgängen. Ein Beispiel war der spektakuläre Abbruch von rund tausend Kubikmetern Fels am Matterhorn im Hitzesommer 2003, nachdem die Null-Grad-Grenze auf ein Rekordniveau von 4800 Metern geklettert war. Straßen und Ortschaften im Gebirge werden durch derartige Abbrüche zunehmend gefährdet, und kostspielige und unansehnliche Schutzverbauungen an Gebirgshängen werden erforderlich.

In polaren Regionen sind Häuser und Infrastruktur im Permafrost verankert. Durch das Auftauen werden die Böden weich und schlammig. Straßen, Ölpipelines und Häuser sinken regelrecht ein. Der Zugang zu nördlich gelegenen Ortschaften auf dem Landweg wird dadurch bei weiterer Erwärmung erheblich erschwert. Teilweise sinken bereits in ganzen Waldstücken die Bäume um, weil sie im aufgeweichten Boden keinen Halt mehr finden («betrunkene Bäume»). Zudem versickern Seen, die sich normalerweise im Sommer oberhalb der Permafrostschicht bilden und den Tieren als Trinkwasserquelle dienen. Beim Tauen von Permafrostböden wird zudem durch biologische Abbauprozesse Methan freigesetzt – ein extrem starkes Treibhausgas. Dies wird wohl für Jahrhunderte eine wachsende und nicht zu kontrollierende Treibhausquelle sein.

Die Eisschilde in Grönland und der Antarktis

Die Erde hat derzeit zwei große kontinentale Eisschilde, in Grönland und in der Antarktis. Dies war nicht immer so – vor Jahrmillionen, zu Zeiten höherer CO_2-Konzentration und wesentlich wärmeren Klimas, war die Erde praktisch eisfrei (Abb. 1.2). Die derzeitigen Eisschilde sind 3 bis 4 Kilometer dick. Wie wird sich die aktuelle globale Erwärmung auf diese Eismassen auswirken?

Das Grönlandeis erhält in den zentralen Bereichen durch Schneefälle ständig Nachschub; an den Rändern schmilzt es hingegen (Kap. 1). Normalerweise sind beide Prozesse im Gleichgewicht. Erwärmt sich das Klima, dehnt sich die Schmelzzone aus und das Abschmelzen beschleunigt sich; auch die Niederschläge können zunehmen. Insgesamt verändert sich die Massenbilanz so, dass das Eis (ähnlich wie die bereits diskutierten Gebirgsgletscher) an Masse verliert. Veränderungen der Eismasse lassen sich seit 2002 durch die GRACE-Satelliten bestimmen, die Gravitationsanomalien messen und damit das Grönlandeis praktisch wiegen. Die Satelliten zeigen einen stetigen Eisverlust von nahezu 300 Milliarden Tonnen pro Jahr, das entspricht der fünffachen Masse des Mount Everest.[66]

Modellrechnungen haben ergeben, dass bereits bei einer globalen Erwärmung um 2 Grad wahrscheinlich ein kritischer Kipppunkt überschritten und das gesamte Grönlandeis allmählich abschmelzen wird.[67] Dabei spielt eine verstärkende Rückkopplung eine zentrale Rolle: Sobald der Eispanzer dünner wird, sinkt seine Oberfläche in niedrigere und damit wärmere Luftschichten ab, was das Abschmelzen noch beschleunigt. Das Grönlandeis war bislang deshalb so stabil, weil aufgrund seiner Dicke große Bereiche in mehreren tausend Metern Höhe und damit in sehr kalter Luft liegen.

Wie schnell das Grönlandeis abschmelzen könnte, wird derzeit intensiv diskutiert; diese Frage ist besonders wichtig im

60   3. Die Folgen des Klimawandels

Hinblick auf den Anstieg des Meeresspiegels und auf die Stabilität der Meeresströmungen (siehe unten). In den letzten Jahren beobachtet man in Grönland dynamische Prozesse, insbesondere ein schnelleres Fließen des Eises, die ein rascheres Abschmelzen ermöglichen als bislang erwartet.[68]

Die Antarktische Eismasse unterscheidet sich vom Grönlandeis dadurch, dass sie praktisch überall deutlich unter dem Gefrierpunkt liegt, woran sich auch nach einer Klimaerwärmung um ein paar Grad nichts ändern wird. Der Eisschild schmilzt daher nicht an Land, sondern erst im Kontakt mit wärmerem Ozeanwasser, nachdem er als Eisschelf auf das Meer hinausgeflossen ist. Deshalb wurde in früheren IPCC-Berichten für die Zukunft kein Abschmelzen der Antarktis erwartet, sondern im Gegenteil ein leichter Zuwachs an Eis aufgrund erhöhter Schneefallmengen. Leider war diese Annahme zu optimistisch, und die GRACE-Satelliten zeigen einen stetigen Verlust des Kontinentaleises auch in der Antarktis.[66]

Grund dafür ist eine dynamische Reaktion des Eises, insbesondere des kleineren Westantarktischen Eisschildes: Das Eis rutscht immer rascher ins Meer. Im Februar 2002 zerbarst das jahrtausendealte Larsen-B-Eisschelf vor der Antarktischen Halbinsel auf spektakuläre Weise in tausende Stücke nach einer Erwärmung in dieser Region (Abb. 3.1). Da Eisschelfe auf dem Meer schwimmen, hat ihr Zerfall zunächst keine direkte Auswirkung auf den Meeresspiegel (so wie das Schmelzen der Eiswürfel nicht den Flüssigkeitsspiegel im Whiskyglas erhöht). Glaziologen wie den Amerikaner Richard Alley, der die Eisschilde kennt wie kaum ein zweiter, beunruhigt daran jedoch etwas anderes: Die Eisströme, die hinter dem Larsen-B-Eisschelf vom Kontinentaleis abfließen, haben sich seither stark beschleunigt (bis zur achtfachen Geschwindigkeit).[69] Offenbar bremsen die schwimmenden Eisschelfe den Abfluss von dahinter auf dem Land liegenden Eis ins Meer; dies bestätigen auch Befunde aus anderen Teilen der Antarktis. Der Westantarktische Eisschild hat wahrscheinlich bereits seinen Kipppunkt überschritten, ab dem der Totalverlust zum Selbstläufer wird.[69, 70] Davor hat der Glaziologe John Mercer schon 1978 eindringlich gewarnt.[71]

Abb. 3.1: Das Larsen-B-Eisschelf an der Antarktischen Halbinsel auf Satellitenaufnahmen vom 31. Januar (links) und 5. März 2002 (rechts). (Quelle: NASA[72]) Die dunklen Flecken auf dem Eisschelf im linken Bild zeigen Schmelzwasser auf seiner Oberfläche, das später in Ritzen des Eises eingedrungen und sein Zerbersten verursacht hat.

Ein dynamischer Zerfall der Eisschilde könnte möglicherweise in einem Zeitraum von Jahrhunderten, statt Jahrtausenden, ablaufen.[73] Für verlässliche Prognosen über die weitere Entwicklung der Eisschilde reicht der wissenschaftliche Kenntnisstand derzeit nicht aus. Je stärker die Erwärmung, desto mehr wächst jedoch das Risiko eines raschen Zerfalls von Eismassen, der nur sehr schwer zu stoppen wäre, wenn er einmal in Gang gekommen ist.

Der Anstieg des Meeresspiegels

Eine der wichtigsten physikalischen Folgen einer globalen Erwärmung ist ein Anstieg des Meeresspiegels. Auf dem Höhepunkt der letzten Eiszeit (vor 20 000 Jahren), als das Klima global ca. 4 bis 7 °C kälter war, lag der Meeresspiegel ca. 120 Meter niedriger als heute, und man konnte z. B. trockenen Fußes auf die Britischen Inseln gelangen. Am Ende der Eiszeit stieg der Meeresspiegel rasch an: um bis zu 5 Meter pro Jahrhundert.[74] Während der

62 3. Die Folgen des Klimawandels

letzten Warmperiode dagegen, dem Eem (vor 120 000 Jahren), war das Klima geringfügig wärmer als heute (weniger als 1 °C), der Meeresspiegel aber wahrscheinlich 6 bis 9 Meter höher.[75]

Derart große Meeresspiegeländerungen haben ihre Ursache überwiegend in Veränderungen der Eismassen auf der Erde. Das Grönlandeis bindet eine Wassermenge, die bei seinem kompletten Abschmelzen einen weltweiten Meeresspiegelanstieg von 7 Meter bedeuten würde. Im Westantarktischen Eisschild sind 3,5 Meter Meeresspiegel gespeichert, im Ostantarktischen Eisschild (das bislang als weitgehend stabil gilt) sogar über 55 Meter. Die Stabilität der Eisschilde in Grönland und der Westantarktis ist daher die große Unbekannte bei Abschätzungen des künftigen Meeresspiegelanstiegs.

Andere Beiträge zum globalen Meeresspiegel sind vor allem die besser berechenbare thermische Ausdehnung des Wassers (wärmeres Wasser nimmt mehr Volumen ein) und das Abschmelzen der kleineren Gebirgsgletscher. Vor Ort hängt der Meeresspiegel dazu noch von Veränderungen der Winde, Meeresströmungen und von geologischen Prozessen (lokale Hebung oder Senkung von Landmassen) ab, die sich dem globalen Trend überlagern. Solange der globale Trend noch klein ist, können die lokalen Prozesse überwiegen – so gibt es derzeit trotz des globalen Meeresspiegelanstiegs noch Gebiete mit fallendem Meeresspiegel. (In der Erstauflage von 2006 hatten wir als Beispiel die Malediven genannt – seither ist der Meeresspiegel dort aber um 10 cm angestiegen.)

Seit dem 19. Jahrhundert ist der Meeresspiegel nach Pegelmessungen an den Küsten um global über 20 Zentimeter angestiegen (Abb. 3.2). Dieser Anstieg muss durch moderne Prozesse hervorgerufen sein (ist also nicht etwa eine Nachwirkung der vor rund 10 000 Jahren zu Ende gegangenen letzten Eiszeit), denn über die beiden Jahrtausende davor war der Meeresspiegel weitgehend stabil.[76]

Seit 1993 lässt sich der Meeresspiegel global und exakt von Satelliten aus messen – über diesen Zeitraum ist ein Anstieg um 3 cm/Jahrzehnt zu verzeichnen (Abb. 3.2), der sich zudem beschleunigt. Die aktuelle Anstiegsrate liegt damit rund dreimal

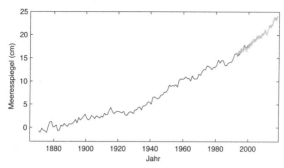

Abb. 3.2: Der Anstieg des Meeresspiegels nach Pegelmessungen an den Küsten (schwarze Linie) sowie nach Satellitenmessungen ab 1993 (graue Linie). (Quelle: aktualisiert nach Church und White 2006[77] sowie Cazenave und Nerem 2004[78])

so hoch wie zu Beginn des 20. Jahrhunderts. In den 25 Jahren seit Beginn der Satellitenmessungen stammen – nach unabhängigen Schätzungen – 42% des Anstiegs von der thermischen Ausdehnung des Wassers, 21% von Gebirgsgletschern, 15% von Grönland und 8% von der Antarktis.[79] Diese Einzelbeiträge erklären den gemessenen Anstieg im Rahmen der Genauigkeit.

Noch der 4. IPCC-Bericht von 2007 hat den Meeresspiegelanstieg erheblich unterschätzt. Im Lichte der Messdaten[80] und neuer Erkenntnisse vor allem über die Eisschilde mussten im 5. IPCC-Bericht von 2013 die Zukunftsprojektionen um 60% nach oben korrigiert werden. Bei weiter steigenden Emissionen (RCP8.5-Szenario) liegt der in diesem Jahrhundert erwartete Anstieg zwischen 51 und 97 Zentimeter; selbst bei striktem Klimaschutz immer noch zwischen 27 und 60 Zentimeter.[38] Eine etwa zeitgleiche Expertenbefragung von 90 Meeresspiegelforschern lieferte allerdings höhere Werte: 70 bis 120 Zentimeter für das RCP8.5-Szenario.[81] Bis zum Jahr 2300 erwarten die Experten sogar zwei bis drei Meter.

Wenn die Gebirgsgletscher eine Frühwarnung der Erwärmung sind, ist der Meeresspiegelanstieg eher eine Spätfolge: Er beginnt nur langsam, hält aber sehr lange an. Der Grund ist, dass sowohl das Abschmelzen der Eisschilde als auch die thermische Aus-

64 3. Die Folgen des Klimawandels

dehnung des Meerwassers auf einer Zeitskala von Jahrhunderten erfolgen – Letzteres, weil die Wärme nur langsam von der Meeresoberfläche in den tiefen Ozean vordringt. Dies bedeutet, dass der Meeresspiegel noch jahrhundertelang weiter ansteigen wird, selbst nachdem die Klimaerwärmung aufgehört hat.

Zur Illustration zeigt Tabelle 3.1 eine Abschätzung des Meeresspiegelanstiegs bis zum Jahr 2300 für ein Szenario, bei dem die globale Erwärmung bei 3 Grad über dem vorindustriellen Wert gestoppt wird und die globale Temperatur danach konstant bleibt.

In der Summe ergibt sich ein Anstieg um ca. 2,5 bis 5 Meter bis zum Jahr 2300 (und weiter ansteigend danach). Dies ist eine grobe, mit Unsicherheiten verbundene, aber nicht übermäßig pessimistische Abschätzung für ein moderates Erwärmungsszenario; die tatsächliche Entwicklung könnte darunter liegen (etwa falls die Antarktis weniger Masse verliert), aber auch deutlich darüber. Die Zahlen zeigen, dass bereits bei einer Stabilisierung der CO_2-Konzentration bei 450 ppm der Verlust einiger tief liegender Inselstaaten und zahlreicher Küstenstädte und Strände der Welt zumindest riskiert wird.

Der Meeresspiegelanstieg wird nicht zu stoppen sein, wenn er richtig in Gang gekommen ist. Der Klimatologe James Hansen, ehemals Direktor des *Goddard Institute for Space Studies* der NASA, nennt die Eisschilde deshalb eine «tickende Zeitbombe». Die heutige Generation trägt hier eine Verantwortung für Jahrhunderte in die Zukunft; wir müssen trotz der noch vorhandenen Unsicherheiten rasch Entscheidungen fällen.

Mechanismus	Anstieg in Metern
Thermische Ausdehnung	0,4–0,9 m
Gebirgsgletscher	0,2–0,4 m
Grönland	0,9–1,8 m
Westantarktis	1–2 m
Summe	**2,5–5,1 m**

Tab. 3.1: Geschätzter globaler Meeresspiegelanstieg bis zum Jahr 2300 bei einer auf 3 °C begrenzten globalen Erwärmung.

Änderung der Meeresströmungen

Spätestens seit dem Hollywoodfilm *The Day after Tomorrow* 2004 und der Diskussion um den im selben Jahr an die Medien gelangten Pentagon-Report[82] über die Risiken eines abrupten Klimawechsels ist die Gefahr von Änderungen der Meeresströme weit in das öffentliche Bewusstsein vorgedrungen. Beide bezogen sich dabei auf vergangene abrupte Kalt-Ereignisse: das Jüngere-Dryas-Ereignis vor rund 11 000 Jahren und das sogenannte 8k-Event vor 8200 Jahren (Abb. 1.5). In beiden Fällen kam die warme Atlantikströmung zum Erliegen oder schwächte sich deutlich ab, was zu einer starken Abkühlung im Nordatlantikraum innerhalb weniger Jahre führte. Film und Pentagon spielen dabei jeweils auf ihre Art die Frage durch: Was wäre, wenn etwas Ähnliches in naher Zukunft eintreten würde?

Aus wissenschaftlicher Sicht deutet nichts auf eine kurz bevorstehende drastische Strömungsänderung hin, ein solches Szenario muss als sehr unwahrscheinlich gelten. Auf längere Sicht und bei starker weiterer Klimaerwärmung – etwa ab der Mitte dieses Jahrhunderts – kann dies jedoch zu einer ernsthaften Gefahr werden.

Normalerweise sinken riesige Wassermassen im europäischen Nordmeer und in der Labradorsee in die Tiefe und ziehen – wie ein Badewannenabfluss – warmes Wasser von Süden her in hohe nördliche Breiten. Das abgesackte Wasser strömt in zwei bis drei Kilometern Tiefe nach Süden zum Antarktischen Zirkumpolarstrom (Abb. 3.3). So entsteht eine gigantische Umwälzbewegung im Atlantik, die etwa 15 Millionen Kubikmeter Wasser pro Sekunde bewegt (fast das Hundertfache des Amazonas) und für die nördlichen Breiten wie eine Zentralheizung funktioniert; sie bringt 10^{15} Watt an Wärme in den nördlichen Atlantikraum (mehr als das Zweitausendfache der gesamten Kraftwerksleistung Europas). Sie ist Teil der weltumspannenden thermohalinen Zirkulation – so genannt, weil Temperatur- und Salzgehaltsdifferenzen diese Strömung antreiben.

Durch die globale Erwärmung kann diese Strömung auf zweifache Weise geschwächt werden: Die Erwärmung verringert die Dichte des Meerwassers durch thermische Ausdehnung, und

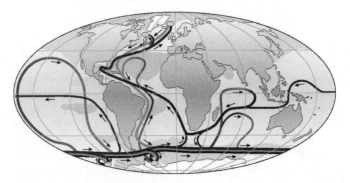

Abb. 3.3: Das System der globalen Meeresströmungen. Im Atlantik wird Wasser an der Oberfläche von Südafrika bis in das Nordmeer transportiert. Dort sinkt es bei Grönland ab; andere Absinkgebiete findet man nahe der Antarktis. (Quelle: Rahmstorf 2002[23])

verstärkte Niederschläge und Schmelzwasser vor allem von Grönland bewirken das Gleiche durch Verdünnung mit Süßwasser. Beides erschwert das Absinken des Wassers im nördlichen Atlantik, die so genannte Tiefenwasserbildung, und könnte sie schlimmstenfalls sogar ganz zum Erliegen bringen. Modellsimulationen zeigen, dass die Atlantikströmung sich bei einem CO_2-Anstieg abschwächen wird und dass dies zu einer Abkühlung im Nordatlantik führt. Genau dies passiert bereits: Als einzige Weltregion hat sich der subpolare Atlantik seit Anfang des 20. Jahrhunderts nicht erwärmt, sondern abgekühlt.[83] Das Muster der Temperaturänderung deutet auf eine Abschwächung der Atlantikströmung um bislang 15 % hin.[84] Was in der Klimageschichte wiederholt als Folge von Eisabrutschungen oder Schmelzwassereinstrom geschah (siehe Kap. 1), könnte sich womöglich durch die anthropogene Erwärmung wiederholen.

Die Folgen wären zwar weniger dramatisch als in der Hollywoodversion, aber dennoch gravierend. Der Nordatlantikstrom (nicht der Golfstrom, wie manchmal vereinfachend gesagt wird) und der größte Teil des atlantischen Wärmetransportes würden versiegen, was eine rasche relative Abkühlung um mehrere Grad im Nordatlantikraum bedeuten würde. (‹Relativ› bedeutet: be-

Änderung der Meeresströmungen 67

zogen auf das dann herrschende Klima, was je nach Ausmaß der globalen Erwärmung bereits mehrere Grad wärmer sein könnte – welcher Effekt überwiegt, hängt von Ort und Zeitpunkt ab.) Die Südhalbkugel würde sich dafür umso stärker erwärmen.

Der Meeresspiegel würde praktisch ohne Verzögerung im Nordatlantik um bis zu einem Meter steigen, auf der Südhalbkugel etwas fallen – allein durch die dynamische Anpassung an die veränderte Strömungssituation[85] (ein Effekt, den das Pentagon übrigens gänzlich übersehen hat). Längerfristig würde auch im globalen Mittel der Meeresspiegel zusätzlich um ca. einen halben Meter ansteigen, da sich der tiefe Ozean nach Versiegen der Umwälzbewegung allmählich erwärmt. Daten aus der Klimageschichte und Modellsimulationen zeigen auch, dass sich die tropischen Niederschlagsgürtel verschieben, wenn die Wärmeverteilung zwischen Nord- und Südhalbkugel gestört wird.[86]

Am direktesten wären die Auswirkungen auf die Nährstoffversorgung des nördlichen Atlantiks, der heute dank der Tiefenwasserbildung zu den fruchtbarsten Meeresgebieten und ertragreichsten Fischgründen der Erde gehört.[87] Auch die CO_2-Aufnahme des Ozeans wird durch die Tiefenwasserbildung gefördert, weshalb die größte Menge an anthropogenem CO_2 im nördlichen Atlantik gemessen wurde.[40] Ein Versiegen der Tiefenwasserbildung würde bedeuten, dass weniger unserer CO_2-Emissionen vom Meer aufgenommen würde.

Ein Abreißen des Nordatlantikstroms durch Überschreiten eines kritischen Kipppunktes kann als eine Art «Unfall» im Klimasystem aufgefasst werden. Wie groß ist die Gefahr eines solchen Unfalls? Eine detaillierte Befragung von führenden Experten hat gezeigt, dass die Einschätzung des Risikos noch erheblich divergiert.[88] Wissenschaftlich geht es hier weniger um eine Vorhersage (die derzeit unmöglich ist) als um eine Gefahrenabschätzung, ähnlich wie bei einer Risikoanalyse für Kernkraftwerke. Niemand würde ein Kernkraftwerk genehmigen, ohne zuvor die Unfallgefahren abzuschätzen. Dies muss auch für das fossile Energiesystem gelten.

Wetterextreme

Wetterextreme wie Stürme, Überschwemmungen oder Dürren sind die Auswirkungen des Klimawandels, welche viele Menschen am direktesten zu spüren bekommen. Allerdings lässt sich eine Zunahme von Extremereignissen nicht leicht nachweisen, da die Klimaerwärmung bislang noch moderat und Extremereignisse per Definition selten sind – über kleine Fallzahlen lassen sich kaum gesicherte statistische Aussagen machen.

Die damals noch vorsichtigen Aussagen, die wir in der Erstausgabe dieses Buches 2006 über die Zunahme von Hitzewellen, Extremniederschlägen, Dürren, Waldbränden und starken Tropenstürmen gemacht haben, haben sich leider durch die Entwicklung seither bestätigt und deutlich erhärtet.

Zwar lassen sich einzelne Extremereignisse nicht direkt auf eine bestimmte Ursache zurückführen. Doch man kann zeigen, dass sich die Wahrscheinlichkeit (oder Häufigkeit) bestimmter Ereignisse durch die globale Erwärmung erhöht – ähnlich wie Raucher häufiger Lungenkrebs bekommen, obwohl sich im Einzelfall nicht beweisen lässt, ob der Patient nicht auch ohne zu rauchen Krebs bekommen hätte.

Ganz klar ist die Zunahme von Hitzeextremen. In einer weltweiten Auswertung von 150 000 Datenreihen konnten wir zeigen, dass Rekorde in den Monatswerten (z. B. «wärmster Mai in Deutschland seit Beginn der Aufzeichnungen im Jahr 1880») heute fünfmal häufiger auftreten als in einem stabilen Klima, also ohne globale Erwärmung.[89] Das entspricht auch der statistischen Erwartung, wenn man die bekannte Häufigkeitsverteilung der Temperaturen einfach um ein Grad zum Wärmeren verschiebt. Bis 2040 wird dieser Wert demnach auf das Zwölffache ansteigen – und die neuen Rekorde werden dann nicht nur häufiger, sondern noch wärmer sein als die jetzigen, da sie ja die zwischenzeitlich aufgetretenen Rekorde auch noch übertreffen müssen. Zu befürchten ist, dass große Teile der Landfläche Hitzeperioden erleiden, in denen ein längerer Aufenthalt von Menschen im Freien tödlich ist.[90]

Einen Vorgeschmack gab der «Jahrhundertsommer» 2003,

der in Europa rund 70 000 Menschenleben gefordert hat und damit laut Angaben der Münchner Rückversicherung die größte Naturkatastrophe in Mitteleuropa seit Menschengedenken gewesen ist.[91] In allen Altersgruppen ab 45 Jahren war die Mortalität signifikant erhöht. In Paris waren die Leichenhäuser derart überfüllt, dass die Stadt gekühlte Zelte am Stadtrand aufstellen musste, um die vielen Särge mit Opfern unterzubringen. Ebenfalls inzwischen in Messdaten nachgewiesen ist eine weltweite Zunahme von Extremniederschlägen.[92] Diese hatten wir erwartet, weil aufgrund des Clausius-Clapeyron-Gesetzes der Physik die Luft für jedes Grad Erwärmung 7% mehr Wasser aufnehmen und dann abregnen kann. In dieses Muster passen die Oderflut 1997, die Elbflut 2002, die Rekordniederschläge und Überschwemmungen im Alpenraum im Sommer 2005 und die Jahrhunderhochwasser an Elbe und Donau 2013 – um die Liste nicht zu lang zu machen. Bei der Elbflut 2002 wurde mit 353 mm in Zinnwald-Georgenfeld die höchste je in Deutschland über 24 Stunden gemessene Niederschlagssumme verzeichnet, und der Pegel der Elbe erreichte in Dresden mit 9,4 Metern den höchsten Stand seit Beginn der Aufzeichnungen im Jahr 1275.

Ein weiteres, viel diskutiertes und sehr zerstörerisches Wetter-

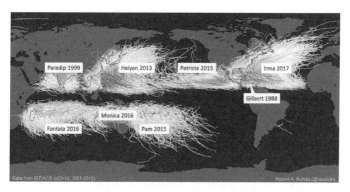

Abb. 3.4: Die stärksten Tropenstürme seit 1979 in jeder Region, nach einer Auswertung der Satellitendaten durch Velden et al.[93] In sechs von acht Regionen sind die Rekordstürme seit 2013 aufgetreten. Der Hintergrund zeigt eine Karte der historischen Sturmbahnen von Robert Rohde, je dunkler desto größer die Sturmstärke.

extrem sind tropische Wirbelstürme. 2005 setzte *Katrina* große
Teile von New Orleans unter Wasser, 2012 flutete *Sandy* die
Subway von New York, und 2017 überschwemmte *Harvey*
Houston mit einem neuen Regenrekord für das Festland der
USA. Ebenfalls 2017 zerstörte *Maria* die Insel Puerto Rico – die
ein Jahr später ausgewertete Zahl der Todesopfer liegt bei 3000.
Und auf den Philippinen zerstörte der Taifun *Haiyan* (der stärkste
Tropensturm, der je auf Land traf) 2013 die Stadt Tacloban mit
einer verheerenden Sturmflut; mehr als 6000 Menschen star-
ben.

Haben diese Sturmextreme etwas mit dem anthropogenen
Klimawandel zu tun? Die globale Erwärmung verschärft die
Folgen von Tropenstürmen auf dreierlei Weise. Erstens steigt
durch die Erwärmung der Meeresspiegel – und dies verschärft
Sturmfluten wie die von *Sandy* in New York. Jeder zusätzliche
Zentimeter Sturmflut wird dabei immer teurer, weil Stadtgebiete
betroffen werden, die nicht auf Sturmfluten vorbereitet sind.
Zweitens steigt – ebenfalls bei gleichbleibender Stärke der
Stürme – die Regenmenge, weil wärmere Luft mehr Wasser hal-
ten kann. Eine Analyse des führenden US-Hurricane-Forschers
Kerry Emanuel folgerte, dass eine Regenmenge wie von *Harvey*
in Texas früher einmal in hundert Jahren zu erwarten war, 2017
bereits sechsmal so oft, und bei unbegrenzter globaler Erwärmung bis 2100 schon alle fünf Jahre.[94]

Drittens – und dies ist noch am ehesten kontrovers – beeinflusst die globale Erwärmung auch die Stärke der Stürme. Tropenstürme entstehen nur über tropischen Meeren, weil sie ihre
Energie aus dem warmen Wasser ziehen und dazu mindestens
26,5 Grad Wassertemperatur benötigen. Die maximale Inten-
sität, die ein Tropensturm unter optimalen Bedingungen erreichen kann, steigt mit der Meerestemperatur, und die Meerestemperaturen steigen durch die globale Erwärmung. Daher ist
die Erwartung plausibel und wird durch Modellrechnungen erhärtet, dass ein wärmeres Klima stärkere Tropenstürme bedeutet – und eine Ausweitung der Tropensturmaktivität in höhere
Breiten.[95]

Die verfügbaren Messdatenreihen zeigen tatsächlich eine Zu-

Wetterextreme 71

nahme der besonders starken Tropenstürme – dies ist allerdings noch etwas umstritten, da einige frühere Stürme besonders vor der Zeit der Wettersatelliten übersehen worden sein könnten. Abb. 3.4 zeigt daher die stärksten Stürme seit 1979 auf Basis der Satellitendaten. Es fällt auf, dass über diesen 30-Jahreszeitraum in sechs von acht Tropensturmregionen die Rekordstürme in den vergangenen fünf Jahren aufgetreten sind.

Ein weiteres Problem der globalen Erwärmung ist die zunehmende Dürre. Da die Verdunstungsrate ansteigt, geht auch bei konstanten mittleren Niederschlägen die Bodenfeuchte schneller verloren, und Dürren werden allein deshalb wahrscheinlicher. Zusätzlich verändern sich Niederschlagsmuster – und obwohl insgesamt die Regenmengen in einem wärmeren Klima zunehmen, nehmen sie leider gerade in ohnehin trockenen Regionen ab. 2006 schrieben wir: Insbesondere in Südeuropa ist durch die Erwärmung mit erheblichen Dürreproblemen zu rechnen. Dies hat sich leider bestätigt. In den Jahren 2007 bis 2010 erlebte Syrien die schlimmste Dürre seiner Geschichte. In der Folge fielen die Ernten aus, verendete das Vieh, zogen rund anderthalb Millionen Umweltflüchtlinge aus ländlichen Gebieten und suchten zumeist in der Peripherie der großen syrischen Städte wie Homs und Aleppo Zuflucht. In diesen Vorstädten, geprägt durch Arbeitslosigkeit und Überfüllung, lag die Keimzelle der syrischen Revolte, die im März 2011 begann. In seinem Gutachten «Klimawandel als Sicherheitsrisiko» hat der Wissenschaftliche Beirat Globale Umweltveränderungen schon 2007 vor einem solchen Szenario gewarnt, in dem eine schwere Dürre einen bereits fragilen, konfliktträchtigen Staat destabilisiert.

Weiter wirkt sich eine Klimaänderung wahrscheinlich auch auf die atmosphärische Zirkulation aus; so kann sich etwa die Zugbahn von Tiefdruckgebieten verlagern oder die Häufigkeit und Dauer bestimmter Großwetterlagen verändern. Beides wird selbst ohne systematische globale Niederschlagsänderungen zu einer simplen Umverteilung von Niederschlägen führen – in manchen Regionen regnet es dann mehr als vorher, in anderen weniger. Dies ist insofern ein Problem, als Flussläufe, Ökosysteme und Landwirtschaft stark an das vergangene, gewohnte

Klima angepasst sind, sodass eine zu starke Veränderung an einem Ort zu Überschwemmungen, an einem anderen zu Wassermangel führen kann. Ein besonders sensibles Beispiel sind die Monsunregen in Asien, auf deren Berechenbarkeit die Landwirtschaft und Nahrungsversorgung in der Region stark angewiesen sind.

Für unsere Breiten sind besonders Veränderungen im Jetstream wichtig – einem Windband in rund 10 Kilometern Höhe, angetrieben vom Temperaturkontrast zwischen Nordpol und Subtropen. Diese Temperaturdifferenz hat durch die starke arktische Erwärmung abgenommen, und der Jetstream ist in den letzten Jahrzehnten schwächer geworden und schwingt stärker nach Norden oder Süden.[96] Zudem schaukeln sich die Wellen öfter durch ein Resonanzphänomen auf.[97] All dies trägt zu Wetterextremen und länger stagnierenden Wetterlagen bei uns bei.[98]

Auswirkungen auf Ökosysteme

Zeitungsleser kennen Berichte über Kirschblüte im Februar, über Zugvögel, die sesshaft werden, oder über tropische Fische, die erstmals in nördlichen Gewässern auftauchen. Wie bei Extremereignissen gilt auch hier: Aus Einzelbeobachtungen lässt sich wissenschaftlich kaum etwas folgern. Da wir es mit vielfältigen und komplexen lebenden Systemen zu tun haben, ist der Nachweis von Veränderungen, die Zurückführung auf eine Ursache oder gar die Vorhersage künftiger Entwicklungen in Ökosystemen besonders schwierig. Der Blick auf die Erdgeschichte gibt uns auch hier erste Anhaltspunkte: Klimaänderungen haben seit jeher tiefgreifende Auswirkungen auf Ökosysteme gehabt, davon geben z. B. die Pollen in Seesedimenten Zeugnis. So haben die Eiszeiten die Wälder in Nord- und Mitteleuropa massiv zurückgedrängt; in der folgenden Warmzeit mussten sie sich jeweils neu etablieren. Eine Temperaturerhöhung um mehrere Grad würde das Klima wahrscheinlich wärmer machen, als es seit Jahrmillionen gewesen ist. Dies wird mit Sicherheit einschneidende Folgen für die Biosphäre haben, auch wenn sie noch nicht im Einzelnen vorhersehbar sind. Datenanalysen zeigen bereits

Auswirkungen auf Ökosysteme 73

großräumige, langfristige Trends. So lassen sich mit Hilfe von Satelliten Veränderungen in Ökosystemen feststellen. Der Zeitpunkt des Blattaustriebs im Frühling tritt im Vergleich zu den frühen 1980er Jahren in nördlichen Breiten bereits mehr als eine Woche früher ein; gleichzeitig hat sich der Beginn des Herbstes nach hinten verschoben. Forscher um Wolfgang Lucht vom Potsdam-Institut konnten zeigen, dass sich dieser beobachtete Trend (und ein vorübergehender Rückschlag nach dem Ausbruch des Vulkans Pinatubo 1991) gut mit einem Vegetationsmodell nachvollziehen lässt.[42]

Schon 2003 haben Forscher um die Amerikanerin Terry Root 143 ökologische Studien ausgewertet, die jeweils vor Ort Veränderungen bei bestimmten Tier- und Pflanzenspezies (von Schnecken bis Säugetieren, von Gräsern bis Bäumen) dokumentieren.[99] Sie folgerten, dass in der Summe dieser Befunde bereits ein klares, mit der Erwärmung zusammenhängendes Muster erkennbar ist. 80% aller dokumentierten Veränderungen geschahen in die Richtung, die man aufgrund bekannter Anpassungsgrenzen durch den Klimawandel erwarten würde.

Ein zusätzliches Problem in der heutigen Zeit ist, dass der Mensch große Teile der Erdoberfläche (fast 50% der globalen Landfläche[100]) für seine eigenen Zwecke nutzt und viele naturbelassene Ökosysteme ein Inseldasein fristen, zum Beispiel in Nationalparks. Tiere und Pflanzen können heute nicht mehr so leicht in andere Regionen ausweichen, wie dies etwa beim Wechsel von früheren Warm- und Kaltzeiten der Fall war. Zudem wird die Geschwindigkeit des anthropogenen Klimawandels voraussichtlich die der meisten historischen Klimaveränderungen weit übertreffen (Kap. 2).

Viele Biologen befürchten daher in diesem Jahrhundert ein Massensterben von Tier- und Pflanzenarten, oder im Fachjargon: einen dramatischen Verlust an Biodiversität. Zu den ersten Betroffenen gehört die alpine Flora und Fauna, die auf den Bergspitzen wie auf kleinen Inseln der Kälte in einem Meer der Wärme die Warmphasen überlebt und auf die nächste Eiszeit wartet. Diese Arten können sich nur in noch größere Höhen zurückziehen – bis sie den Gipfel erreichen und «in den Himmel kommen», wie der österreichische Biologe Georg Grabherr es ausdrückte.[101] Beispiel Neuseeland: Bei einer Erwärmung um 3 °C würden dort 80% der hochalpinen «Klimainseln» verschwinden, ein Drittel bis die Hälfte der dort bekannten 613 alpinen Pflanzenarten könnten aussterben.[102] Nach Hochrechnung einer internationalen Forschergruppe um Chris Thomas aus dem Jahr 2004 für eine Reihe von Tier- und Pflanzengruppen (Säugetiere, Vögel, Reptilien usw.) könnten weltweit gar 15 bis 37% aller Arten um das Jahr 2050 durch den Klimawandel zum Aussterben verdammt sein.[103]

In der ersten Auflage von 2006 schrieben wir, dass schon bei 1 °C globaler Erwärmung Korallenriffe beeinträchtigt und bei 1 bis 2 °C erheblich geschädigt würden. Inzwischen hat es 2010 und 2015 bis 2017 massive weltweite Korallenbleichen aufgrund zu hoher Meerestemperaturen gegeben.[104] Die Abstände zwischen solchen Schadensereignissen werden immer kürzer, sodass die Riffe sich davon nicht mehr erholen können – denn das dauert 10–15 Jahre. Das größte Riff der Erde, das Great Barrier Reef in Australien, hat allein in 2016 und 2017 die Hälfte seiner Korallen verloren.

Weiter schrieben wir, dass bei 1 bis 2 °C im Mittelmeerraum mit schweren Bränden und Insektenbefall zu rechnen ist. Auch dies ist leider in den letzten Jahren bereits zu beobachten. Eine aktuelle Studie französischer Forscher hat Pollendaten aus dem gesamten Holozän genutzt, um zu ermitteln, wie die Mittelmeervegetation auf höhere Temperaturen reagiert.[101] Das Ergebnis: Nur die Begrenzung der globalen Erwärmung auf 1,5 °C würde das mediterrane Ökosystem der vergangenen 10 000 Jahre erhalten. Bei ungebremsten Emissionen würde die südliche Hälfte der Iberischen Halbinsel wohl zur Wüste werden.

Landwirtschaft und Ernährungssicherheit

Besonders wichtig ist die Frage, wie sich der Klimawandel auf die Landwirtschaft und damit auf die Ernährung der Weltbevölkerung auswirken wird. Paradoxerweise sehen Experten hier einerseits eher geringe Auswirkungen auf die globale Ertrags-

Landwirtschaft und Ernährungssicherheit 75

menge (manche sehen sogar Chancen für einen leichten Zuwachs), andererseits aber auch eine wachsende Gefahr von Hunger für viele Millionen Menschen.[105] Wie kommt es zu diesem scheinbaren Widerspruch?

Die Wirkung des Klimawandels auf die Nahrungsmittelerträge ergibt sich aus der Wirkung von Temperatur- und Niederschlagsänderung und dem Düngereffekt des CO_2 auf die Pflanzen, sowie aus der Anpassungsfähigkeit der Bauern (Wahl der angebauten Pflanzen, Bewässerungspraxis etc.). Durch die globale Erwärmung könnten sich die Voraussetzungen für Landwirtschaft in den gemäßigten bis kalten Breiten (vor allem den Industriestaaten) eher verbessern, etwa in Kanada. In vielen subtropischen und heute schon trockenen Gebieten (meist ärmeren Ländern) muss dagegen mit Einbußen gerechnet werden, vor allem aufgrund von Hitze und Wassermangel. Besonders Nord- und Südafrika und weite Teile Asiens sind in pessimistischen Klimaszenarien von starken Ertragsverlusten (20 bis 30 % im Vergleich zu einer Zukunft ohne Klimawandel) bei Getreide und Mais betroffen.[105]

Dies wird wahrscheinlich zu einer Verschärfung der Diskrepanz zwischen Industrie- und Entwicklungsländern führen, mit verstärktem Risiko von Hungersnöten in armen Ländern. Bereits heute entstehen Hungerkrisen ja nicht durch einen globalen Mangel an Nahrungsmitteln, sondern durch eine lokale Unterversorgung in armen Gebieten, deren Bevölkerung sich auf dem Weltmarkt keine Lebensmittel einkaufen kann. Hierin besteht die moralische Last des anthropogenen Klimawandels: Gerade die Ärmsten, die zu dem Problem selbst kaum etwas beigetragen haben, werden den Klimawandel womöglich mit ihrem Leben bezahlen müssen.

Doch auch die Vorteile für die Industriestaaten sind zunächst nur theoretisch. Die meisten Ertragsmodelle berechnen die *potentiellen* Erträge – sie gehen also davon aus, dass günstige klimatische Bedingungen auch tatsächlich optimal für die Produktion genutzt werden. Die Anpassung der Landwirtschaft wird aber sicher nicht immer optimal erfolgen können, zumal ein sich stetig veränderndes Klima auch unberechenbarer ist.

76   3. Die Folgen des Klimawandels

Auch sind mögliche Veränderungen in Extremereignissen, die Ernteausfälle verursachen können, in den Modellen nicht ausreichend berücksichtigt. Die Berechnungen machen daher eine Reihe von möglicherweise zu optimistischen Annahmen.

Die Hitzesommer 2003 sowie 2018 haben in Deutschland erhebliche Ernteeinbußen verursacht. So beschloss die Bundesregierung im August 2018 ein Hilfsprogramm für die betroffenen Bauern in Höhe von 340 Millionen Euro, nachdem der Bauernverband sogar eine Milliardenhilfe gefordert hatte. Wären die Landwirte auf einen solchen Sommer optimal eingestellt gewesen (z. B. durch Bewässerungsanlagen), hätte er womöglich Ertragssteigerungen statt -einbußen gebracht. Doch ob sich eine Investition in Bewässerung rentiert, lässt sich nur schwer beurteilen – niemand weiß, wie häufig derartige Sommer in einem sich verändernden Klima künftig auftreten werden. Beregnung ist auch nur in dem Maße möglich, wie Wasser zur Verfügung steht – im Mittelmeerraum stößt sie bereits heute an ihre Grenzen.

Weitere Fortschritte in den Klimamodellen werden künftig bessere regionale Prognosen erlauben, die Anpassung an den Klimawandel erleichtern und Verluste zu verringern und Chancen zu nutzen helfen. Dies ist heute bereits bei El-Niño-Ereignissen der Fall, die sechs Monate im Voraus vorhergesagt werden können, wodurch landwirtschaftliche Schäden in Milliardenhöhe vermieden werden.[106]

Ausbreitung von Krankheiten

Die möglichen Auswirkungen des Klimawandels auf die Gesundheit der Menschen sind vielfältig und nur unzureichend erforscht. Neben den oben besprochenen direkten Folgen von Extremereignissen (z. B. Hitzewellen) diskutieren Wissenschaftler hier vor allem die Ausbreitung von durch Insekten übertragenen Krankheiten wie Dengue-Fieber und Malaria. Insekten sind als Kaltblütler wesentlich stärker vom Klima beeinflusst als wir; der Klimawandel wird sich stark auf ihre Ausbreitungsfähigkeit (Vagilität) auswirken. In Deutschland trifft dies etwa auf die

Zecken zu, die sich in den letzten Jahren stark ausgebreitet haben und zunehmend die gefährliche Borreliose oder Frühsommer-Meningoenzephalitis (FSME) übertragen, was zumindest von manchen Experten auf den Klimawandel zurückgeführt wird.[107] In Deutschland beobachtet man zudem eine Zunahme von Pollenallergien, die durch die längere Blühperiode begünstigt werden ebenso wie durch die Ausbreitung der Pflanze Ambrosia, die von den wärmeren Wintern profitiert.

In der bislang umfassendsten Studie hat die Weltgesundheitsorganisation (WHO) 2002 die Folgen des Klimawandels untersucht. Sie kommt zu dem Ergebnis, dass schon heute jährlich mindestens 150 000 Menschen an den Folgen der globalen Erwärmung sterben. Die meisten Opfer sind in Entwicklungsländern zu beklagen und sterben an Herz-Kreislauf-Erkrankungen, Durchfall, Malaria und anderen Infektionen oder an Nahrungsmangel.[108] Bei einer weiteren Erwärmung sind erhebliche Risiken zu befürchten – etwa wenn sich Malaria auf afrikanische Hochlandregionen ausbreitet, die bislang zu kühl für den Erreger waren und deren Bevölkerung daher keine Immunität besitzt.

Zusammenfassung

Trotz der bislang nur noch moderaten globalen Erwärmung (1,1 °C seit Ende des 19. Jahrhunderts) lassen sich bereits zahlreiche Auswirkungen beobachten. Die Gebirgsgletscher und das arktische Meereis schrumpfen, die Kontinentaleismassen in Grönland und der Antarktis schmelzen immer schneller, Permafrost-Boden taut auf, der Meeresspiegel steigt immer rascher (derzeit um 3 cm/Jahrzehnt), die Vegetationsperiode verlängert sich, und viele Tier- und Pflanzenarten verändern ihr Verbreitungsgebiet. Diese Anzeichen sind einerseits ein unabhängiger Beleg für die Tatsache der Erderwärmung, zusätzlich zu den Temperaturmessdaten. Andererseits sind sie erste Vorboten dessen, was an Auswirkungen des Klimawandels auf uns zukommen wird.

Die bei der geringen Erwärmung erwartungsgemäß bislang noch moderaten Folgen sollten nicht über die Schwere des Problems hinwegtäuschen. Die Auswirkungen werden bei ungebremster Erwärmung sehr tiefgreifend sein, auch wenn die zeitliche Abfolge und regionale Ausprägung sich nur schwer im Einzelnen vorhersehen lässt.

Dabei wird es sowohl negative als auch positive Auswirkungen geben, denn ein warmes Klima ist *a priori* nicht schlechter oder lebensfeindlicher als ein kälteres. Dennoch würden die negativen Auswirkungen bei weitem überwiegen, vor allem weil Ökosysteme und Gesellschaft hochgradig an das vergangene Klima angepasst sind. Gravierende Probleme entstehen insbesondere dann, wenn die Veränderung so rasch vonstattengeht, dass sie die Anpassungsfähigkeit von Natur und Mensch überfordert. Alpine Tiere und Pflanzen können zwar in größere Höhenzonen ausweichen – aber nur bis die Gipfel erreicht werden, was in wärmeren Ländern wie Afrika und Australien bald der Fall sein wird. Mit dem arktischen Meereis ginge ein ganzes Ökosystem und die Lebensweise der Inuit verloren. Wälder können nur sehr langsam in andere Regionen wandern. Viele Tier- und Pflanzenarten würden aussterben.

Menschen können sich zwar an neue Gegebenheiten anpassen – aber ein sich rasch wandelndes Klima bringt einen Verlust an Erfahrung und Berechenbarkeit und kann daher nicht optimal landwirtschaftlich genutzt werden. Vorteile entstehen voraussichtlich in kälteren Industrienationen wie Kanada – landwirtschaftliche Einbußen aber in tropischen und subtropischen Ländern, also gerade dort, wo die Menschen am ehesten durch Hunger gefährdet sind und wo sie am wenigsten zur Erderwärmung beigetragen haben. Zudem werden viele Menschen unter Extremereignissen wie Dürren, Fluten und Stürmen (insbesondere tropischen Wirbelstürmen) zu leiden haben. Die von uns verursachte Klimaveränderung wirft daher schwerwiegende ethische Fragen auf.

4. Klimawandel in der öffentlichen Diskussion

Die Klimaforschung steht mit Recht im Rampenlicht des öffentlichen Interesses und der öffentlichen Diskussion. Denn der Klimawandel und die Diskussion über die erforderlichen Gegenmaßnahmen betreffen jeden Menschen. Entsprechend emotional geht es in dieser Debatte zuweilen zu. Unbequeme Wahrheiten sind selten willkommen. Nach Medienauftritten erhalten Klimaforscher regelmäßig entrüstete Zuschriften.

Zu den Akteuren des öffentlichen Diskurses gehören neben den Forschern die Medien, Politiker, Umweltorganisationen, Lobbyorganisationen der Wirtschaft und engagierte Laien, die sich im Internet oder auf Leserbriefseiten zu Wort melden. Die verschiedenen Akteure interpretieren und nutzen dabei die Ergebnisse und Aussagen aus der Wissenschaft auf ganz unterschiedliche Weise, je nach ihrer Interessenlage und ihrem Verständnis der Zusammenhänge.

Das Verhältnis von Klimaforschern zu den anderen Akteuren, insbesondere den Medien, ist oft angespannt. Wissenschaftler beklagen, dass ihre Resultate im öffentlichen Diskurs missbraucht, verzerrt oder gänzlich falsch dargestellt werden. Andererseits ist die Wissenschaft auf die Medien angewiesen, damit ihre Ergebnisse überhaupt in der Öffentlichkeit wahrgenommen werden.

Zwei Dinge sind für ein Verständnis der über die Medien ausgetragenen Klimadiskussion wichtig. Zum einen sind dies die Gesetzmäßigkeiten der Medienwelt selbst, zum anderen sind es die politischen Interessen, die bei diesem Thema stets eine Rolle spielen können. In diesem Kapitel werden wir auf einige der Probleme der öffentlichen Klimadiskussion eingehen und uns mit der Frage befassen, ob und wie man überhaupt als Laie verlässliche Informationen erhalten kann. Wir werfen dabei zunächst einen Blick in die USA, wo die Probleme noch schärfer konturiert zutage treten als bei uns.

80   4. Klimawandel in der öffentlichen Diskussion

Die Klimadiskussion in den USA

Während in Deutschland nur noch kleine Splittergruppen das Klimaproblem rundheraus leugnen, ist dies in den USA eine selbst auf höchster politischer Ebene salonfähige und maßgebliche Haltung. James Inhofe, bis 2007 der Vorsitzende des Umweltausschusses im US-Senat, hat wiederholt die Warnung vor dem anthropogenen Klimawandel als die größte Posse bezeichnet, die dem amerikanischen Volk je gespielt wurde. Die Warner vor einem Klimawandel nennt er «Umweltextremisten und deren elitäre Institutionen» – mit Letzteren meint er offenbar die klimatologischen Forschungsinstitute. Diese Fraktion der Leugner der vom Menschen verursachten globalen Erwärmung sind mit der Wahl von Donald Trump zum US-Präsidenten an die Macht gekommen, nicht zuletzt durch massive finanzielle Zuwendungen aus der fossilen Energiewirtschaft.

Naomi Oreskes, Professorin für Wissenschaftsgeschichte an der University of California, publizierte im Dezember 2004 in *Science* das Ergebnis einer Metastudie der klimatologischen Fachliteratur.[109] Von ihren Mitarbeitern ließ sie knapp eintausend Fachpublikationen analysieren, die eine Datenbanksuche zum Suchbegriff «global climate change» gefunden hatte. 75 % dieser Publikationen unterstützten explizit oder implizit die These einer anthropogenen Verursachung des Klimawandels, 25 % machten keine Aussage dazu (etwa weil sie rein methodischer Natur waren). Keine einzige der Studien bestritt den anthropogenen Einfluss auf das Klima. Oreskes folgerte aus ihrer Stichprobe, dass es in der Wissenschaft tatsächlich einen weitgehenden Konsens über diese Frage gibt.

In krassem Gegensatz zur Einmütigkeit in den wissenschaftlichen Publikationen steht die Berichterstattung in den Medien. Eine ebenfalls 2004 veröffentlichte Metastudie der University of California untersuchte 636 in den Jahren von 1988 bis 2002 erschienene Artikel zum Thema Klimawandel aus den führenden Tageszeitungen der USA. Sie ergab, dass 53 % aller Artikel die zwei gegensätzlichen Hypothesen ungefähr gleichgewichtig darstellten, dass der Mensch zum Klimawandel beitrage bzw.

Die Klimadiskussion in den USA

dass der Klimawandel ausschließlich natürliche Ursachen habe. 35 % betonten den anthropogenen Klimawandel, präsentierten jedoch auch die Gegenthese; 6 % beschrieben lediglich, wie fragwürdig ein menschlicher Einfluss auf das Klima sei; weitere 6 % berichteten ausschließlich über einen menschlichen Beitrag zur Erwärmung. Die Autoren der Studie folgern daraus, dass eine falsche Vorstellung von Ausgewogenheit zu einer stark verzerrten Darstellung der Realität geführt hat («Balance as bias» lautet der Titel der Studie[110]).

Die Studie enthüllte darüber hinaus einen zeitlichen Trend: Während in den früheren Artikeln überwiegend über den anthropogenen Einfluss auf das Klima berichtet wurde, neigen spätere Artikel immer mehr zu der unrealistischen vermeintlichen ‹Ausgewogenheit› – genau entgegengesetzt der Entwicklung der Wissenschaft, wo der anthropogene Einfluss im Laufe der Jahre immer mehr erhärtet und besser belegt werden konnte. Die Studie führt dies auf die gezielten Desinformationskampagnen zurück, die von Teilen der Industrie finanziert werden.

Eine Studie des US-Sozialwissenschaftlers Robert Brulle hat dokumentiert, dass im Zeitraum 2003–2010 mehr als 7 Milliarden (!) US-Dollar in Organisationen wie das Heartland Institute oder das Committee for a Constructive Tomorrow (CFACT) gepumpt wurden, die mit selbsternannten Experten und Pseudoexpertisen Zweifel am Klimawandel schüren.[111] Dabei handelt es sich zum großen Teil um «dunkles Geld», wie Scientific American schrieb: durch undurchsichtige Stiftungen geleitet, kann der ursprüngliche Spender nicht mehr identifiziert werden.

Gegen den Ölkonzern Exxon Mobil laufen derweil in den USA staatsanwaltliche Untersuchungen wegen systematischer Täuschung der Öffentlichkeit. Die Firma hatte bereits seit den 1970er Jahren in der internen Kommunikation und in wissenschaftlichen Publikationen die globale Erwärmung durch seine Produkte anerkannt, gegenüber der breiten Öffentlichkeit jedoch u. a. durch bezahlte Meinungsbeiträge in großen Tageszeitungen Zweifel daran gesät.[112] Der bei Laien noch verbreitete Zweifel an der Klimawissenschaft ist ein Produkt mit einer Industrie dahinter, wie der *Guardian* 2015 treffend titelte. Die Strategie ähnelt der der Tabakindustrie, die über viele Jahre immer wieder Wissenschaftler und Studien präsentierte, die die Unschädlichkeit des Rauchens behaupteten. Tatsächlich kommt die Fehlinformation über den Klimawandel oft von denselben PR-Experten, die zuvor die Schädlichkeit des Rauchens als wissenschaftlich ungeklärt darzustellen versuchten. «Fake News» von Interessengruppen kennen wir Klimaforscher seit Jahrzehnten.[113]

Eine im Juni 2005 in den USA durchgeführte Umfrage[114] – ebenso wie etliche spätere – offenbart die Wirkung solcher Desinformationsarbeit: Eine klare Mehrheit aller Amerikaner würde auch kostspielige Klimaschutzmaßnahmen unterstützen, *wenn* es einen wissenschaftlichen Konsens über eine Bedrohung durch den Klimawandel gäbe – aber nur die Hälfte ist sich dessen bewusst, dass dieser Konsens in der Wissenschaft längst existiert.

Die Lobby der «Klimaskeptiker»

Auch in Deutschland und Europa gibt es ähnliche Lobby-Aktivitäten wie in den USA, wenn auch in weit geringerem Umfang. Im Jahr 1996 gründeten einige prominente US-«Klimaskeptiker» das European Science and Environment Forum (ESEF) als Versuch, auch die europäische Klimapolitik zu beeinflussen. In Deutschland haben sich eine Reihe von «Klimaskeptikern» vor einigen Jahren zu einem Verein namens «Europäisches Institut für Klima und Energie» zusammengeschlossen. Schon der Name ist ein Etikettenschwindel, denn laut *Süddeutscher Zeitung* hat diese Lobbygruppe weder ein Büro, noch beschäftigt sie Klimawissenschaftler. Sie betreibt vor allem eine Website voller haarsträubender Falschinformationen zum Thema Klima und hat offenbar gute Kontakte zu US-Think-Tanks wie CFACT. Mitglieder von EIKE bestimmen die unwissenschaftlichen Klimathesen der AfD – womit diese Partei sich paradoxerweise gegen den Schutz der heimischen Natur, Landwirtschaft und Küsten engagiert und für die Verschärfung von Fluchtursachen weltweit.

Verschiedene «Klimaskeptiker» vertreten dabei unterschiedliche und oft widersprüchliche Positionen. Gemein ist ihnen allein die politische Überzeugung, dass Maßnahmen zur Reduktion von Treibhausgasemissionen abzulehnen sind. Begründet wird diese Meinung, indem entweder der Erwärmungstrend des Klimas geleugnet (*Trendskeptiker*), der Mensch nicht als Ursache des Erwärmungstrends angesehen (*Ursachenskeptiker*) oder die Folgen der globalen Erwärmung als harmlos oder günstig eingeschätzt werden (*Folgenskeptiker*).[115] Letzte Rückzugsposition für jene, die ihre Glaubwürdigkeit nicht durch das Leugnen der Tatsachen verlieren wollen, ist die These, eine Anpassung an den Klimawandel sei besser als seine Vermeidung.

Klimatologen kennen diese Skeptiker seit Jahrzehnten und haben dazu immer wieder sachlich Stellung genommen. Einer der Autoren dieses Buches tut dies in seinem Blog KlimaLounge[116] bei *Spektrum der Wissenschaft*, zudem findet man Antworten auf die gängigen Skeptiker-Thesen auf den Webseiten von Klimafakten.de oder *Sceptical Science*.

Zuverlässige Informationsquellen

Verfolgt man die Medien, könnte man den Eindruck gewinnen, dass in der Klimaforschung immer wieder neue Ergebnisse auftauchen, durch die bisherige Glaubenssätze in Frage gestellt werden oder gänzlich revidiert werden müssen. Die von den Medien gezeichnete unrealistische Karikatur der wissenschaftlichen Klimadiskussion spiegelt ein verbreitetes Unverständnis des wissenschaftlichen Erkenntnisprozesses wider. Wie der Wissenschaftshistoriker Spencer Weart treffend beschreibt, verläuft der wissenschaftliche Fortschritt in der Regel nicht durch ständige Umwälzungen, sondern durch eine große Zahl kleiner inkrementeller Schritte.[32] Ernsthafte Wissenschaftler «glauben» nicht fest an Dinge, die sie dann wieder umwerfen. Sie halten bestimmte Aussagen kaum je für absolut wahr oder falsch, sondern für mehr oder weniger wahrscheinlich. So halten heute fast alle Klimaforscher eine anthropogene Klimaerwärmung für äußerst wahrscheinlich. Diese Einschätzung, die sich über Jahr-

84 4. Klimawandel in der öffentlichen Diskussion

zehnte gegen anfängliche Skepsis durchsetzen musste, beruht auf Tausenden von Studien. Eine einzige neue Studie wird dies kaum grundlegend ändern – sie würde gemeinsam mit allen anderen Ergebnissen betrachtet, und die Einschätzung von Wissenschaftlern würde sich nur ein kleines Stückchen verschieben.

Eindrückliche Beispiele für verwirrende, übertriebene und vielfach gänzlich falsche Medieninformationen lieferte in den letzten Jahren die wiederholte Berichterstattung über eine der Klimarekonstruktionen des letzten Jahrtausends, die in Abb. 1.6 gezeigt und wegen ihrer Form als «Hockeyschläger» bekannt ist.[29]

Viele Artikel berichteten falsch und unkritisch über angebliche Fehler und Korrekturen dieser Kurve, in einem Nachrichtenmagazin wurde sie gar «Quatsch» genannt.[117] Die weitere paläoklimatische Forschung der letzten 20 Jahre hat den «Hockeyschläger» dagegen eindrucksvoll bestätigt.[118]

Angesichts der oft falschen Medienberichte und der widersprüchlichen öffentlichen Äußerungen Einzelner sind viele Laien und Entscheidungsträger über den tatsächlichen Stand der Wissenschaft verwirrt. Welche Aussagen sind seriös, wem kann man trauen?

Um hier Klarheit zu schaffen, haben die World Meteorological Organization (WMO) und das Umweltprogramm der Vereinten Nationen (UNEP) im Jahr 1988 das Intergovernmental Panel on Climate Change (IPCC, Zwischenstaatlicher Ausschuss für Klimaänderungen) ins Leben gerufen. Die Aufgabe des IPCC ist es, in einer umfassenden, objektiven und transparenten Weise das Wissen zum Klimawandel zusammenzufassen, das in den tausenden in der Fachliteratur verstreut publizierten Studien zu finden ist. Das IPCC baut dabei auf die Mitarbeit von Hunderten von Wissenschaftlern aus aller Welt, die nach ihrer fachlichen Expertise ausgesucht werden und die diese Arbeit unentgeltlich zusätzlich zu ihren normalen beruflichen Pflichten übernehmen. Wichtigstes Produkt sind die regelmäßigen IPCC-Berichte (*Assessment Reports*), von denen bislang fünf erschienen sind: 1990, 1995, 2001, 2007 und 2013. Sie sind frei im Internet zugänglich.[119]

Die Berichte werden einer intensiven, dreistufigen Begutachtung unterworfen, an der wiederum Hunderte von weiteren Experten beteiligt werden. Für jeden Bericht werden die Autorenteams und Gutachter neu bestimmt, sodass die Faktenlage immer wieder mit frischen Augen neu bewertet wird. Dabei sollen die Berichte nicht einfach eine «Mehrheitsmeinung» zum Ausdruck bringen (gute Wissenschaft entscheidet sich nicht nach Mehrheiten), sondern es werden auch abweichende Meinungen diskutiert, soweit sie wissenschaftlich begründet sind. Fehlergrenzen und Unsicherheiten im Wissen werden ausführlich besprochen. 2007 erhielt das IPCC für diese Arbeit den Friedensnobelpreis.

Da die Berichte sehr umfangreich und detailliert sind (der letzte Bericht hat allein rund 3000 eng bedruckte Seiten), haben sie eher den Charakter eines Nachschlagewerkes. Besondere Bedeutung kommt daher den Zusammenfassungen zu: der ausführlichen «Technical Summary» (ca. 60 Seiten) und der «Summary for Policymakers» (20 Seiten). Letztere wird Satz für Satz einstimmig in einer Plenarsitzung verabschiedet – auch durch Vertreter von Ländern wie Saudi-Arabien und den USA, die Klimaschutzmaßnahmen sehr skeptisch gegenüberstehen. Dabei sind natürlich auch die verantwortlichen Autoren der einzelnen Kapitel beteiligt, damit sichergestellt ist, dass die Zusammenfassung korrekt die Aussagen des detaillierten Textes wiedergibt. Die Berichte des IPCC gelten in Fachkreisen als der fundierteste und zuverlässigste – wenn auch aufgrund des Konsensverfahrens recht konservative – Überblick über den Kenntnisstand zur Klimaentwicklung; sie sind zugleich die Grundlage der internationalen Klimaschutzbemühungen, z. B. des Kyoto-Protokolls und des Pariser Abkommens (siehe Kap. 5).

Wegen dieser Bedeutung sind sie auch eine wichtige Zielscheibe der «Skeptiker», die besonders mit dem Vorwurf, die Berichte seien politisch beeinflusst, das IPCC zu diskreditieren versuchen. Im Jahr 2010 rauschte eine Flutwelle von Vorwürfen gegen das IPCC durch die Weltmedien, die sich an einem einzigen Zitierfehler in Band 2 des Berichts entzündet hatte. Dort war in einem Regionalkapitel auf Seite 493 eine falsche Zahl zum Abschmelzen der Himalaya-Gletscher aus einer unzuver-

86   *4. Klimawandel in der öffentlichen Diskussion*

lässigen Quelle (einer von insgesamt rund 20 000 Quellen) zitiert worden. Zahlreiche Zeitungen brachten in der Folge ungeprüft Berichte über angebliche IPCC-Skandale (von «Amazongate» bis «Africagate»), die sich später bei näherer Prüfung allesamt in Luft auflösten.[120] Unsere eigenen Erfahrungen bei der Mitarbeit an IPCC-Berichten zeigen, dass die Arbeit von offener und selbstkritischer wissenschaftlicher Diskussion gekennzeichnet ist; jede Aussage wird daraufhin abgeklopft, ob sie sauber belegt ist oder ob etwas dagegenspricht. Zu keinem Zeitpunkt haben wir Versuche politischer Einflussnahme festgestellt.

Neben den bekannten Berichten des IPCC gibt es unter anderem Stellungnahmen der amerikanischen National Academy of Sciences, der American Geophysical Union (AGU – die weltweit größte Organisation der Geowissenschaftler), der World Meteorological Organization (WMO), der meteorologischen Organisationen vieler Länder (u. a. eine gemeinsame Erklärung der deutschen, österreichischen und schweizerischen meteorologischen Gesellschaften) oder des Wissenschaftlichen Beirats Globale Umweltveränderungen der Bundesregierung (WBGU) zur Klimaentwicklung. Alle diese Gremien sind in den Kernaussagen immer wieder zum selben Ergebnis gelangt. Auch dies zeigt nochmals den außerordentlichen Konsens in der Fachwelt, dass der Mensch durch seine Treibhausgasemissionen zunehmend das Klima verändert.

Zusammenfassung

Einem Laien ist es heute schwer möglich, sich ein fundiertes und sachlich korrektes Bild vom Wissensstand in der Klimaforschung zu machen. Wer die Zeitungen verfolgt, wird hin- und hergerissen sein zwischen übertriebenen Schlagzeilen («Erwärmung bis zu 11 °C», «Klimakrise in zehn Jahren») und Meldungen, am Klimawandel sei gar nichts dran. In den Medien werden zum Teil Gespensterdiskussionen über die Klimaforschung geführt, die von den tatsächlichen Diskussionen in Fachkreisen völlig losgelöst sind. Viele Laien haben daher den falschen Eindruck, der menschliche Einfluss auf das Klima sei noch umstritten. Diese unbefriedigende Situation entsteht durch ein Zusammenspiel von gezielter Lobbyarbeit durch Interessengruppen und von mangelnder Kompetenz und Verantwortung seitens der Medien, die teils – ob wissentlich oder unwissentlich – Falschinformationen der Klimaskeptiker-Lobby verbreiten. Dabei finden sie ein Publikum, das Zweifel an der Verantwortung des Menschen für die Klimakrise nur allzu gerne hört, um sich von Schuldgefühlen und Konsequenzen zu entlasten.

Journalisten und Redakteure können zwar nicht im Einzelnen die Stichhaltigkeit von Forschungsergebnissen nachprüfen, sie könnten aber dennoch durch sorgfältigere Arbeit viele Falschmeldungen vermeiden. Auch die Wissenschaftler haben hier eine große Verantwortung. Sie sollten offen ihre Forschungskompetenz darlegen sowie in ihren Äußerungen klar unterscheiden, was weithin akzeptierter Wissensstand ist und wo ihre möglicherweise davon abweichende persönliche Einschätzung beginnt.

Zum Glück widmen sich die Medien inzwischen zunehmend den wirklich für die Allgemeinheit wichtigen Diskursen zum Klimaproblem – etwa der Frage, welche Maßnahmen zur Begrenzung des Klimawandels und zur Anpassung ergriffen werden sollten (siehe Kap. 5).

Der Öffentlichkeit und Entscheidungsträgern kann man nur empfehlen, eine gesunde Portion Skepsis gegenüber Medienmeldungen und Aussagen Einzelner zu hegen – egal ob diese den Klimawandel dramatisieren oder herunterspielen. Eine ausgewogene und fundierte Einschätzung des Wissensstandes kann man am ehesten dort erwarten, wo eine größere Gruppe von durch eigene Forschungsleistungen ausgewiesenen Fachleuten gemeinsam eine Stellungnahme erarbeitet hat, wie das IPCC oder die anderen erwähnten Organisationen. Extreme Einzelmeinungen oder unredliche Argumente können sich bei einer breiten und offenen Diskussion unter Fachwissenschaftlern nicht durchsetzen.

5. Die Lösung des Klimaproblems

In den voranstehenden Kapiteln haben wir gezeigt, dass
1. das Klimasystem der Erde zu großen Schwankungen fähig ist,
2. die moderne Industriegesellschaft bereits dabei ist, eine besonders starke und rasche Schwankung auszulösen,
3. die Auswirkungen dieses Eingriffs auf Natur und Kultur massiv und überwiegend negativ sein werden und
4. die Versuche, das Problem kleinzureden, eher von Wunschdenken oder Eigeninteresse als von wissenschaftlicher Einsicht beflügelt sind.

Somit steht die Menschheit vor einem sehr realen und sehr schwierigen Problem, das es in angemessener Weise zu lösen gilt. Aber was bedeutet der Ausdruck «Lösung» in einem solchen Zusammenhang überhaupt? Der Antwort auf diese nur scheinbar akademische Frage kann man sich über zwei verschiedene Denkansätze annähern: Der erste davon kreist um das Begriffspaar «Ursache–Wirkung» und entspricht der Denkweise der Naturwissenschaften, der zweite stellt das Begriffspaar «Kosten–Nutzen» in den Mittelpunkt und entspringt dem ökonomisch-utilitaristischen Weltbild.

Vermeiden, Anpassen oder Ignorieren?

Der Ursache-Wirkung-Ansatz lässt sich in einer prägnanten Formel zusammenfassen. Diese lautet:

$$\text{Klimaschaden} = \text{Klimaanfälligkeit} \times \text{Klimaänderung} \qquad \text{(G1)}$$

Gemeint ist, dass die negativen Folgen der Treibhausgasemissionen sich proportional zum tatsächlich eintretenden Klimawandel verhalten werden, aber auch proportional zur klimatischen Verwundbarkeit («Vulnerabilität») der betroffenen Systeme. Besonders anfällig sind etwa Ökosysteme in den tropischen und polnahen Breiten oder Wirtschaftssektoren, die stark von Wasserverfügbarkeit und -qualität abhängen wie Landwirtschaft und Tourismus (siehe Kap. 3).

Obwohl G1 eine grobe Vereinfachung eines hochkomplexen Geschehens darstellt, liefert diese Gleichung doch eine erste sinnvolle Abschätzung der menschgemachten Klimawirkung und – was noch wichtiger ist – eine Orientierungshilfe für die systematische Diskussion der in Frage kommenden Lösungsstrategien: Im Idealfall kommt es zu keinerlei Klimaschäden, d. h., die linke Seite von G1 ist gleich null. Formal wird dies dadurch erreicht, dass entweder die Klimaänderung oder die Klimaanfälligkeit, also einer der beiden Faktoren auf der rechten Seite der Gleichung, auf null gebracht wird.

Realistischerweise muss man akzeptieren, dass eine solche perfekte Lösung des Problems nicht existiert, dass die bewussten Faktoren durch geeignete gesellschaftliche Anstrengungen jedoch relativ klein gehalten bzw. klein gestaltet werden können. Die möglichst weitgehende Begrenzung der Klimaänderung wird als *Vermeidung* (im Englischen: *mitigation*) bezeichnet, die möglichst weitgehende Verringerung der Klimaanfälligkeit als *Anpassung* (im Englischen: *adaptation*). Offensichtlich gibt es noch eine dritte «Lösungsmöglichkeit», nämlich weder Vermeidungs- noch Anpassungsmaßnahmen zu ergreifen und dem Klimaschicksal seinen Lauf zu lassen. Diese nicht ganz unbedenkliche Option wollen wir als *Laissez-Faire-Strategie* bezeichnen. Letztere entspricht dem willkürlichen Ignorieren der linken Seite von G1.[121]

Die Diskussion der einzelnen Lösungsstrategien und ihres Verhältnisses zueinander wird Hauptgegenstand dieses Kapitels sein, aber wir können schon jetzt konstatieren, dass «Vermeidung» vor allem mit technologischem Fortschritt bei der «Dekarbonisierung» unserer Wirtschaftsmaschinerie zu tun hat, «Anpassung» vor allem mit intelligenter und flexibler gesellschaftlicher Organisation und «Laissez-Faire» mit Moral (bzw. ihrer Abwesenheit). Denn eine internationale Politik, welche den ungebremsten Klimawandel billigend in Kauf nähme, würde fast alle Lasten der kostenlosen Nutzung der Atmosphäre als

90   5. Die Lösung des Klimaproblems

Müllkippe den kommenden Generationen in den besonders klimasensiblen Entwicklungsländern aufbürden. Viele nichtstaatliche Umweltgruppen empfänden diese Perspektive als amoralische Krönung der historischen Ausbeutung der «Dritten Welt» durch die Industrieländer, die für den überwiegenden Teil der bisherigen Treibhausgasemissionen verantwortlich sind (siehe hierzu die Abbildung auf der hinteren Umschlaginnenseite).

Insofern ist eine reine Laissez-Faire-Strategie bei der Handhabung des Klimaproblems nur vorstellbar, wenn sie von «gerechtigkeitsfördernden» Maßnahmen flankiert würde: Beispielsweise könnte man grundsätzlich abwarten, wie sich die weltweiten Klimawirkungen entfalten und dann, bei klar identifizierbaren Schadensereignissen, die Betroffenen für ihre Verluste kompensieren. Manche Ökonomen argumentieren etwa, dass es wesentlich günstiger wäre, die Bevölkerungen der vom steigenden Meeresspiegel bedrohten Südseeinseln auf Kosten der Industrieländer nach Australien oder Indonesien umzusiedeln, statt die Wirtschaft durch Beschränkungen für Treibhausgasemissionen zu belasten. Dabei werden jedoch die sozialen und ethischen Probleme vergessen, und die Gefahr ist groß, dass mit solchen Überlegungen eine geopolitische Pandorabüchse geöffnet wird.

Immerhin kann man sich auch moralisch weniger fragwürdige Varianten einer globalen Politik vorstellen, welche auf direkte Vermeidung des Klimawandels bewusst verzichtet: Beispielsweise könnte unter der Schirmherrschaft der Vereinten Nationen ein weltweites Klimapflichtversicherungssystem eingeführt werden (analog zur Pflichtversicherung in einer Kranken- oder Pflegekasse). Jeder Mensch würde durch Geburt Mitglied der «Klimakasse», aber seine jährlich anfallenden Versicherungsprämien würden von den Staaten der Erde aufgebracht – und zwar nach Maßgabe ihres jeweiligen Anteils an den gesamten Treibhausgasemissionen. Mit dem eigentlichen Betrieb des Systems könnten private Versicherungsunternehmen über marktwirtschaftliche Ausschreibungsverfahren beauftragt werden. Selbstverständlich würde sich rasch eine starke regionale Differenzierung bei der Prämienhöhe einstellen, welche der jeweiligen Klimaanfälligkeit der versicherten Menschen und ihrer Güter

Rechnung tragen müsste. Damit würde sich übrigens die heutige Weltversicherungssituation umkehren: In den vom Klimawandel besonders gefährdeten Entwicklungsländern existiert gegenwärtig im Grunde noch nicht einmal irgendein traditioneller Versicherungsschutz, ganz zu schweigen von einem kollektiven Auffangsystem im Klimaschadensfall. Ob sich allerdings jemals ein Versicherungsträger finden wird, der bereit ist, beispielsweise für die Destabilisierung des indischen Sommermonsuns[122] zu haften, ist mehr als fraglich.

Gibt es den optimalen Klimawandel?

Damit sind wir schon ganz dicht an die grundsätzliche Alternative zum Kausalansatz in der Klimapolitik herangerückt: der ökonomischen Optimierung. Im Rahmen dieser Strategie versucht man nicht, ein konkretes Problem – um möglicherweise jeden Preis – zu eliminieren, sondern beim gesellschaftlichen Handeln größtmöglichen Gewinn – im verallgemeinerten Sinne – zu erzielen. Der Ansatz lässt sich wiederum an einer einfachen Formel verdeutlichen, nämlich:

Gesamtnutzen des Klimaschutzes =
Abgewendeter Klimaschaden – Vermeidungskosten – Anpassungskosten (G2)

G2 ist weitgehend selbsterklärend, zumal wir oben bereits die hauptsächlichen Handlungsoptionen – Vermeidung und Anpassung – skizziert haben. Die Formel betrachtet jedoch vor allem die Aufwendungen, die mit diesen Optionen verbunden sein dürften. Im Rahmen der reinen utilitaristischen Lehre ist nun genau diejenige Kombination von Vermeidungs- und Anpassungsmaßnahmen im Rahmen einer globalen Klimaschutzstrategie zu wählen, welche die Differenz auf der rechten Seite von G2 maximiert. Es geht hier also in erster Linie *nicht* darum, die potentiellen Klimaschäden auf null zu drücken. Sind die entsprechenden Maßnahmen volkswirtschaftlich zu kostspielig, dann muss man eben auf sie verzichten. Im Extremfall – wenn der Wert der abgewendeten Schäden im Vermeidungs- wie im Anpassungsfall unter dem Wert der Aufwendungen läge – wäre sogar eine totale

5. Die Lösung des Klimaproblems

Laissez-Faire-Strategie ohne flankierende Maßnahmen gerechtfertigt. Die meisten Kosten-Nutzen-Theoretiker gehen allerdings davon aus, dass die optimale Strategie sowohl echte Vermeidungs- als auch Anpassungsanstrengungen umfassen würde. Konkret liefe dieser Ansatz auf die Ermittlung eines «optimalen» Zielwertes für die menschgemachte Änderung der globalen Mitteltemperatur hinaus: nicht weniger als nötig für das Erkaufen des weltweiten Wohlstandszuwachses, nicht mehr als vertretbar für das Beherrschen der Risiken und Nebenwirkungen!

Die Vorstellung von der Existenz einer solchen perfekt gewählten Temperaturveränderung ist bestechend, aber leider eine Illusion. Wir nennen vier Gründe, warum die reine Kosten-Nutzen-Analyse auf die Klimaproblematik nicht anwendbar ist:

Erstens suggeriert G2, dass man lediglich eine simple Bilanz aus mehreren Posten aufzustellen hat – doch was ist die passende «Währung» dafür? Man kann natürlich versuchen, Klimaschäden und Klimaschutzaufwendungen als Geldwert darzustellen. Dies wird allerdings spätestens dann dubios, wenn es gilt, die Menschenleben zu «monetarisieren», welche durch den Klimawandel verloren gehen könnten. Ähnliches gilt für den Wert von Ökosystemen oder zum Aussterben verurteilter Tier- und Pflanzenarten.

Zweitens ist es praktisch unmöglich, auch nur eine der drei Größen in der Formel exakt zu bestimmen – selbst wenn man sich auf rein wirtschaftliche Aspekte beschränken dürfte. Die entsprechenden Berechnungen müssten hauptsächlich auf modellgestützte Prognosen für weltweite Effekte in den kommenden Jahrhunderten (!) vertrauen. Unser Wissen über die zu erwartenden Klimaschäden ist noch sehr unsicher, auch wenn es in den letzten Jahren große Fortschritte in der sogenannten «Attribution Science», der Wissenschaft von der Zuordnung von Vorgängen oder Schäden zum Klimawandel, gegeben hat.[123] Nicht einmal bei bereits eingetretenen Ereignissen wie dem Hurrikan *Maria* vom September 2017 herrscht notwendigerweise Einigkeit über die Folgen, ja nicht einmal über die Zahl der Opfer: Während die offizielle Zählung auf 64 Tote kommt, legt eine Studie des *New England Journal of Medicine* nahe, dass in den

Gibt es den optimalen Klimawandel?   93

darauffolgenden Monaten insgesamt 4645 Menschen an den direkten und indirekten Folgen, wie mangelnder medizinischer Versorgung, gestorben sind.[124] Potenziert wird dieses Zuordnungsproblem, wenn das Klimasystem nicht glatt, sondern sprunghaft reagiert, wie so oft in der Klimageschichte geschehen (siehe Abb. 1.5).

Ähnlich unsicher sind die Anpassungskosten, da man weder die genaue Ausprägung des Klimawandels noch die künftige Organisation der menschlichen Gesellschaft voraussehen kann. Am besten kalkulierbar sind noch die Vermeidungskosten (also etwa durch einen Umbau des Energiesystems), weil es sich dabei um einen geordneten, planbaren Strukturwandel handelt. Da sich das Ergebnis von G2 aus der Differenz großer und unsicherer Zahlen ergibt, kann man je nach Annahme fast jeden beliebigen Zielwert als Resultat dieser «Optimierung» erhalten.

Wir sollten an dieser Stelle betonen, dass sich die Forschung aber sehr wohl um die Auslotung der Schadens*potentiale* bzw. der Anpassungs*möglichkeiten* verdient machen kann. Entsprechende Studien, deren Gegenstände am besten durch die englischen Fachausdrücke «Vulnerability» bzw. «Adaptive Capacity» charakterisiert werden, operieren in der Regel im «Wenn-dann-Modus»: Welche Vorsorgemaßnahmen könnte eine (sich ansonsten durchschnittlich entwickelnde) Küstenregion X gegen einen Meeresspiegelanstieg von Y Metern innerhalb von Z Jahren einleiten? Wie groß wären die dennoch zu erwartenden Verluste an Gütern und Menschenleben, wenn jener Meeresspiegelanstieg von den Verschiebungen U, V im regionalen Wind- und Niederschlagsmuster begleitet würde? Solche hypothetischen Fragen lassen sich einigermaßen solide beantworten. Die Antworten sind aber stets nur Fingerzeige für das allgemeine Verhalten der betrachteten Systeme, niemals Vorhersagen seiner tatsächlichen künftigen Entwicklung.

Drittens wird man unweigerlich mit dem notorischen Abgrenzungsproblem der Kosten-Nutzen-Analyse konfrontiert: Der anthropogene Klimawandel ist nur ein Teil des allgemeinen Weltgeschehens, das von Millionen von Kräften, Bedürfnissen und Ideen angetrieben wird. Wenn die Staaten der Erde ihre

94   5. Die Lösung des Klimaproblems

langfristigen klimapolitischen Entscheidungen tatsächlich nur
nach utilitaristischen Gesichtspunkten treffen würden, müssten
sie sich natürlich fragen, ob es der Wohlfahrt ihrer Nationen
nicht zuträglicher wäre, auf Klimaschutzmaßnahmen jeglicher
Art zu verzichten und stattdessen in Gesundheits-, Bildungs- und
Sicherheitssysteme zu investieren. Dies ist der Ansatz des so genannten «Copenhagen Consensus», den der Däne Björn Lomborg – einer der populären Kritiker der gegenwärtigen internationalen Klimaschutzbemühungen – 2004 organisiert hat.[125] Der
Versuch, einen allumfassenden Wohlfahrtsvergleich aller denkbaren staatlichen Maßnahmen vorzunehmen, muss aber nicht
nur am Informationsmangel (siehe *zweitens*) scheitern, er ver-
kennt auch völlig die Natur von realpolitischen Entscheidungen:
Die deutsche Wiedervereinigung wurde von der Regierung Kohl
nicht auf der Grundlage einer präzisen Kosten-Nutzen-Analyse
vorangetrieben, sondern weil sich plötzlich ein «Window of
Opportunity» auftat und weil es ethisch, historisch, emotional
etc. richtig erschien, diese unverhoffte Chance zu nutzen. Staaten
wählen ihre Ziele nicht aufgrund gewinnmaximierender Berechnungen, sondern versuchen – im besten Fall – einmal gesteckte
Ziele mit möglichst geringem Aufwand zu erreichen.

Viertens verschwinden die bereits erwähnten Gerechtigkeits-
aspekte keineswegs, wenn man mit Hilfe von Formel G2 den
scheinbar optimalen Klimawandel kalkuliert, denn eine Politik,
die für die Erdbevölkerung der nächsten Jahrhunderte summa-
risch den größten Nutzen verheißt, kann einzelnen Gesellschaften oder Individuen größten Schaden zufügen. Optimierung
bedeutet: Jede CO_2-Emission, die global mehr Nutzen als Schaden bringt, ist nicht nur erlaubt, sondern gewollt – weniger zu
emittieren wäre suboptimal. Eine Emission, die den Verursachern
100 Milliarden US-Dollar Nutzen bringt, die aber anderswo
99 Milliarden US-Dollar Schaden verursacht, ist damit ausdrück-
lich erwünscht. Man versteht den Charme, den dieser Ansatz
gerade für US-Ökonomen hat. Die Inuit Alaskas und Kanadas
wären dagegen vermutlich wenig begeistert, wenn ihre Lebens-
räume auf dem Altar der Weltsozialproduktmaximierung ge-
opfert würden. Dieses Problem betrifft auch die Gerechtigkeit

zwischen den Generationen, da künftige Klimaschäden in Kosten-Nutzen-Rechnungen «abdiskontiert» werden – typischerweise mit 3 % pro Jahr. Eine Maßnahme, die heute Investitionen erfordert, aber erst in 30 Jahren spürbaren Nutzen bringt, erscheint dann sehr ineffektiv. Langfristige Folgen des Klimawandels, wie der Meeresspiegelanstieg, werden dadurch im Grunde vernachlässigt.

Globale Zielvorgaben

All diese Argumente haben hoffentlich deutlich gemacht, dass es keine realistische Alternative zum Ursache-Wirkung-Ansatz gibt: Das anthropogene Klimaproblem wird als solches von der Menschheit erkannt und gelöst – so gut es eben geht. Immerhin existieren bereits völkerrechtlich verbindliche Übereinkünfte und international abgestimmte Klimaschutzziele. Von alles überragender Bedeutung ist dabei die so genannte Klimarahmenkonvention der Vereinten Nationen (United Nations Framework Convention on Climate Change, UNFCCC). Diese Konvention wurde während der legendären Rio-Konferenz im Juni 1992 von insgesamt 166 Staaten unterzeichnet, weitere Länder folgten. Mit heutzutage 197 Mitgliedern hat die Klimarahmenkonvention praktisch universelle Akzeptanz erreicht. Obwohl es sich tatsächlich nur um eine Rahmenvereinbarung handelt, welche durch Zusatzprotokolle in konkrete Politik umgesetzt werden muss, enthält die UNFCCC Passagen von immenser Schub- bzw. Sprengkraft. Am bedeutsamsten ist Artikel 2, worin eine Festlegung des globalen Klimaschutz-Ziels für die Menschheit versucht wird. Im genauen Wortlaut heißt es da:

«Das Endziel dieses Übereinkommens und aller damit zusammenhängenden Rechtsinstrumente, welche die Konferenz der Vertragsparteien beschließt, ist es, in Übereinstimmung mit den einschlägigen Bestimmungen des Übereinkommens die Stabilisierung der Treibhausgaskonzentrationen in der Atmosphäre auf einem Niveau zu erreichen, auf dem eine gefährliche anthropogene Störung des Klimasystems verhindert wird. Ein solches Niveau sollte innerhalb eines Zeitraums erreicht werden, der ausreicht, damit sich die Ökosysteme auf natürliche Weise den Klimaänderungen anpassen können, die Nahrungsmittelerzeugung nicht bedroht wird und die wirtschaftliche Entwicklung auf nachhaltige Weise fortgeführt werden kann.»

Diese Formulierung war bereits Gegenstand von unzähligen Aufsätzen und Reden, denn was genau hat man unter «einer gefährlichen anthropogenen Störung des Klimasystems» zu verstehen? Im Fachjargon stellt sich damit die Frage nach der «Operationalisierung des Klimaziels der Vereinten Nationen». Es ist offensichtlich, dass die oben diskutierte Kosten-Nutzen-Analyse hier nicht recht weiterhilft, wenngleich der Artikel 2 durchaus bestimmten zu vermeidenden Klimafolgen potentielle wirtschaftliche Verluste infolge von Klimaschutz gegenüberstellt. Insofern liefert G2 eine hilfreiche Checkliste für die Berücksichtigung der wichtigsten Faktoren beim Klimamanagement. Artikel 2 summiert allerdings die einzelnen Posten nicht auf, sondern verlangt die *gleichzeitige* Erfüllung qualitativ ganz unterschiedlicher Forderungen. Damit bewegt man sich eindeutig im Ursache-Wirkung-Weltbild. Gesucht ist nun die Klappe, mit der sich alle Klimafliegen auf einmal (er)schlagen lassen.

Die Europäische Union ist der Meinung, diese Klappe gefunden zu haben: Auf dem 1939. Ratstreffen am 25. Juni 1996 in Luxemburg wurde übereinstimmend festgestellt, dass «der globale Temperaturmittelwert das vorindustrielle Niveau nicht um mehr als 2 °C übersteigen sollte und dass deshalb die globalen Bemühungen zur Begrenzung bzw. Reduktion von Emissionen sich an atmosphärischen CO_2-Konzentrationen unterhalb von 550 ppm orientieren sollten.»[126] Die 2-Grad-Grenze ist seither immer wieder durch verschiedene Gremien bestätigt worden und liefert somit den Fluchtpunkt aller europäischen Klimaschutzstrategien schlechthin. Seit dem Klimagipfel im mexikanischen Cancún im Dezember 2010 ist diese Begrenzung der Erderwärmung offizielles Ziel der globalen Klimaschutzbemühungen, und in den Stand einer völkerrechtlichen Vereinbarung wurde die Leitplanke schließlich beim Klimagipfel in Paris im Jahr 2015 (siehe Abschnitt «Der Pariser Klimavertrag») erhoben. Damit tragen die EU und die Weltgemeinschaft den Ergebnissen eines intensiven und ausgedehnten klimapolitischen Diskurses Rechnung, der unter anderem von der Enquêtekommission des Deutschen Bundestags «Schutz der Erdatmosphäre» in den frühen 1990er Jahren vorangetrieben[127] und der 1995 vom Wissenschaftlichen Beirat der Bundesregierung Globale Umweltveränderungen (WBGU) auf den Punkt gebracht wurde: In einem Sondergutachten zur ersten Vertragsstaatenkonferenz (VSK) zur Ausgestaltung der Klimarahmenkonvention führt der WBGU die Vorstellung des «Tolerierbaren Klimafensters» ein.[128, 129] Gemeint ist damit vor allem, dass die von Menschen angestoßene Änderung der globalen Mitteltemperatur 2 °C *insgesamt* nicht übersteigen und gleichzeitig die Temperaturänderungs*rate* für die Erde nicht höher als 0,2 °C pro Dekade ausfallen soll. Dabei handelt es sich letztlich um eine normative Setzung, wie sie beim Umgang mit kollektiven Risiken sinnvoll und üblich ist – ähnlich etwa der Geschwindigkeitsbegrenzung auf Landstraßen, deren exakter Wert sich nicht wissenschaftlich herleiten lässt und somit Ergebnis einer Abwägung ist.

Die Zielvorgaben des WBGU stützten sich ursprünglich auf sehr einfache und robuste Argumente – insbesondere auf den Grundgedanken, dass ein Erderwärmungsverlauf außerhalb des Toleranzfensters Umweltbedingungen jenseits der Erfahrungswelt der menschlichen Zivilisationsgeschichte herbeiführen dürfte (und damit nur mit großen Mühen und Opfern verkraftbar wäre).

Seitdem aber haben viele wissenschaftliche Untersuchungen, Gutachten und Konferenzen dieses Toleranzfenster wieder und wieder bestätigt. Dadurch ist nämlich ein Gesamtbild der «planetaren Kritikalität» entstanden: Neuralgische Punkte im globalen Umweltsystem, oft als «Kipppunkte» bezeichnet, dürften im Zuge der Klimaerwärmung erreicht oder überschritten werden – die Folgen können abrupt und/oder unumkehrbar sein (siehe Kapitel 3). Die resultierende Einsicht, dass schon im Korridor von 1,5 bis 2 °C Erwärmung einige dieser roten Linien überschritten würden, haben die Autoren 2016 in der Fachzeitschrift *Nature Climate Change* vorgestellt,[130] und in der Abbildung 5.1 zusammengefasst.

5. Die Lösung des Klimaproblems

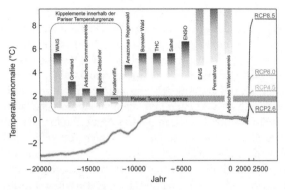

Abb. 5.1: Kippelemente im Klimasystem im Kontext der globalen Temperaturentwicklung. Der Temperaturbereich, in dem der entsprechende Kipppunkt liegt, ist für jedes Kippelement als Säule dargestellt. Die Kurven bilden die Temperaturgeschichte der Erde ab sowie verschiedene Erwärmungsszenarien. Letztere werden als RCPs, Representative Concentration Pathways, bezeichnet und repräsentieren mögliche, je nach eingeschlagenem Emissionspfad erwartbare Zukünfte. Abbildung nach Schellnhuber et al.[130]

Die Klimaschutzaufgabe ist also gestellt und wiederholt bestätigt – wie aber den Weg dorthin gestalten?

Der Gestaltungsraum für Klimalösungen

Die Wunderwaffe («The Silver Bullet», wie die Amerikaner sagen) gegen die zivilisatorische Störung der Erdatmosphäre gibt es wohl nicht. Der Gestaltungsraum für Klimalösungen umfasst vielmehr ein diverses Feld entlang verschiedener Strategietypen und räumlicher Operationsskalen, welches wir im Folgenden sukzessive beackern werden.

Das Kyoto-Protokoll

Einer der beiden Autoren dieses Buches nahm 1997 als Experte im Tross der deutschen Delegation (angeführt von der damaligen Bundesumweltministerin und jetzigen Bundeskanzlerin Angela Merkel) an der historischen 3. VSK im winterlich frostklir-

Das Kyoto-Protokoll 99

renden Kyoto teil. Er wurde Zeuge, wie in wirren, endlosen Nachtsitzungen erschöpfte Klima(unter)händler aus aller Herren Länder ein bürokratisches Monstrum ins Leben riefen – das nach dem japanischen Konferenzort benannte «Kyoto-Protokoll» zur Umsetzung der Klimarahmenkonvention von Rio. Er kann bestätigen, dass das mit der heißen Nadel gestrickte und mit entsprechenden Gewebefehlern behaftete Vertragswerk letztlich durch den Ergebniswillen des damaligen US-Präsidentengespanns Clinton–Gore erzwungen wurde. Eine gewisse Ironie der Geschichte angesichts der unerbittlichen Ablehnung des Kyoto-Protokolls durch die folgenden US-Regierungen.

Über dieses legendäre und inzwischen überholte Protokoll wurden schon unzählige Bücher und Artikel von Wissenschaftlern, Politikakteuren und Journalisten verfasst. Hier sind die wesentlichen Elemente:

Der Vertrag war als großer und langfristiger Wurf angelegt, denn der Zeitraum 2008–2012 wurde als erste von möglicherweise vielen Verpflichtungsperioden vereinbart. Die mittleren Emissionen von insgesamt 39 Parteien aus der industrialisierten Welt (spezifiziert im Protokoll-Annex B) in dieser ersten Messperiode sollten gegenüber dem Stichjahr 1990 um *insgesamt* 5,2 % sinken. Jedoch wurden höchst unterschiedliche nationale Verpflichtungen festgelegt – hierin besteht übrigens ein wesentlicher Unterschied zu der Herangehensweise des Pariser Klimavertrages (S. 119 ff.): Solche konkreten und teils unergründlichen Zuordnungen (z. B. USA –7 %) gibt es jetzt nicht mehr.

Auch jenseits dieser Zahlenmystik hatte das Kyoto-Protokoll durchaus kreative Züge – insbesondere belegt durch die Einführung der so genannten *Flexiblen Mechanismen*, die den Vertragsstaaten die Umsetzung ihrer Verpflichtung erleichtern sollten. Im Einzelnen handelte es sich um drei Instrumente, die im Fachchinesisch der Klimadiplomaten die englischen Bezeichnungen «Emissions Trading» (ET), «Joint Implementation» (JI) und «Clean Development Mechanism» (CDM) erhalten haben. Im Wesentlichen waren alle drei Optionen ausgefeilte Verrechnungsmethoden für die zugeteilten nationalen «Verschmutzungsrechte».

5. Die Lösung des Klimaproblems

Die völkerrechtlich wasserdichte Beschreibung und die konkrete operationelle Ausgestaltung der Flexiblen Mechanismen ist für den Laien ein Buch mit sieben Siegeln. Doch außer seiner monströsen Komplexität hatte das Kyoto-Protokoll weitere Schwachstellen.

Das Vertragswerk zog beispielsweise eine besonders unübersichtliche politische Schublade auf, nämlich die Anrechnung so genannter «biologischer Senken» auf die Reduktionspflichten. Wenn ein Land zum Beispiel durch (Wieder-)Aufforstung von Flächen (vorübergehend) CO_2 aus der Atmosphäre entfernte, dann sollte dies positiv zu Buche schlagen. Die Grundidee ist nicht uninteressant, da die Regelung im Idealfall eine Brücke zwischen Klima- und Biosphärenschutz schlagen kann. Problematisch ist jedoch vor allem die Überprüfbarkeit. Zum anderen werden möglicherweise «perverse Anreize» gegeben: So könnte die Möglichkeit, sich Wiederaufforstungen anrechnen zu lassen, ohne dass die Kohlenstoffemissionen aus den vorangehenden Rodungen erfasst werden, sogar noch zum Abholzen von Primärwäldern ermuntern.

Enttäuschend waren auch die bei weitem nicht ausreichenden Reduktionsverpflichtungen. Das Kyoto-Protokoll stellte ohnehin nur einen kleinen ersten Schritt auf dem Weg zur notwendigen Kohlenstoffneutralität bis 2050 dar.[131]

Es war aber als Grundstein in einer Gesamtarchitektur für den Klimaschutz unter dem Dach der VN gedacht. Doch gerieten 2009 beim Klimagipfel in Kopenhagen die Verhandlungen für das «Post-Kyoto-Regime», das nach 2012 greifen sollte, erheblich ins Stocken (siehe unten). Ein Knackpunkt dabei war der Interessenausgleich zwischen Industriestaaten und den Entwicklungs- und Schwellenländern. Letztere haben zwar noch niedrigere Pro-Kopf-Emissionen, dafür aber große Zuwachsraten. Ein Klimaschutz-Regime, das diesen Trend nicht umzubiegen vermag, indem es die Entwicklungs- und Schwellenländer auf nachhaltige und gerechte Weise ins Boot holt, ist zum Scheitern verurteilt – selbst wenn die reichen Staaten ihren Verpflichtungen nachkommen sollten.

Umso mehr ist eine globale Perspektive und die Einbindung

aller großen Emittenten in eine Klimaschutzarchitektur erforderlich – inwieweit dies mit dem Pariser Klimavertrag von 2015 gelungen ist, soll später ausführlich besprochen werden.

Der WBGU-Pfad zur Nachhaltigkeit

«Ist das Klima noch zu retten?» Diese immer häufiger gestellte Frage erscheint angesichts der inzwischen eingetretenen höchsten Dringlichkeitsstufe leider allzu berechtigt. Aber es gibt durchaus Grund zur Hoffnung, ja zum Optimismus. Der WBGU hat in einer Reihe von Gutachten[132, 133, 134, 135, 136, 137] aufgezeigt, wie sich die zureichende Energieversorgung der Menschheit, der wirksame Schutz der Erdatmosphäre und der faire Lastenausgleich innerhalb der Staatengemeinschaft gleichzeitig bewerkstelligen lassen. Dafür muss allerdings die Politik in großem Stile handeln, die Wirtschaft in kühner Weise investieren und die Gesellschaft entschlossen an einer neuen Industriellen Revolution mitwirken.

Der WBGU-Ansatz weist drei Kernelemente auf: 1. die klare Ausweisung von nachhaltigen Rahmenbedingungen («Leitplanken») für jegliche Strategie; 2. den expliziten Entwurf von Umbauszenarien für das Weltenergiesystem, welche jene Leitplanken beachten; 3. die unzweideutige Benennung der erforderlichen völkerrechtlichen und strukturpolitischen Maßnahmen. Wir werden diese Elemente im Folgenden kurz skizzieren.

Alle Überlegungen sind geprägt von der Grundannahme, dass die Weltwirtschaft im 21. Jahrhundert rasant weiterwachsen und sich dies in einem deutlich gesteigerten globalen Bedarf an Energiedienstleistungen widerspiegeln wird. Eine solche Entwicklung ist nicht nur politisch kaum unterdrückbar, sondern potentiell auch mit einer Reihe von ausgesprochen wünschenswerten Zügen verbunden: Insbesondere kann sie die heutige «Energiearmut» der Dritten Welt beseitigen, wo gegenwärtig rund zwei Milliarden Menschen keinen Zugang zu modernen Energieformen haben. Eine auf den freiwilligen oder erzwungenen Energieverzicht der Entwicklungs- und Schwellenländer gegründete globale Umweltschutzstrategie wäre nicht

5. Die Lösung des Klimaproblems

nur zum Scheitern verurteilt, sondern auch verlogen und ungerecht. Der WBGU geht daher von einer weltweit weiter wachsenden Nachfrage nach Energiedienstleistungen aus. Dennoch kann der globale Primärenergiebedarf bis 2050 sinken. Das liegt daran, dass heute der größere Teil der eingesetzten Primärenergie als Abwärme vergeudet wird. Bei einem Kohlekraftwerk mit Wirkungsgrad 35% etwa gehen 65% der eingesetzten Primärenergie verloren. Erzeugt man dieselbe Strommenge z. B. direkt mit Windkraft, sinkt der «Primärenergiebedarf» damit um 65%.

2011 hat der WBGU einen exemplarischen Pfad vorgestellt, wie eine weltweite Vollversorgung mit erneuerbaren Energieträgern erreicht werden könnte. Dabei sinkt der Primärenergiebedarf von den heutigen rund 500 Exajoule auf rund 400 Exajoule pro Jahr, die Versorgung mit Endenergie aber wächst. Dabei wird Strom zur wichtigsten Energieform – anders als heute, wo flüssige (Öl) und feste (Kohle) Energieträger dominieren. Strom wird in der Elektromobilität eingesetzt ebenso wie in der Raumheizung durch Wärmepumpen, wodurch große Effizienzgewinne erzielt werden. Der benötigte Strom wird überwiegend aus Wind- und Solarenergie erzeugt. Die Schwankungen der Erzeugung werden durch Lastenausgleich in einem «Super-Smart-Grid» und durch diverse Speicheroptionen ausgeglichen. Notwendig wäre für dieses Szenario eine mittlere jährliche Wachstumsrate der erneuerbaren Energien von 4,8%.

Der Beirat spezifiziert darüber hinaus zwei Leitplanken zu großtechnischen Optionen, die gegenwärtig im Zentrum heißer umweltpolitischer Debatten stehen: der Kernenergie und der Kohlenstoffspeicherung. Der WBGU-Ansatz sieht *keine* Renaissance der Kernenergie vor, die gegenwärtig etwa 5% des weltweiten Energiebedarfs deckt. Eine Erhöhung dieses Anteils in den kommenden 30 Jahren, bei wachsendem Energiebedarf und alterndem Reaktorbestand, würde den Bau von vielen hunderten neuer Atomkraftwerke erfordern – eine weder realistische noch wünschenswerte Option. Hauptsächlich aufgrund der Risiken, die mit der weltweiten Verbreitung von Reaktortechnologien (u. a. in die Krisengebiete des Mittleren Ostens, Afrikas und Lateinamerikas) verbunden wären, scheint hier eine lang-fristige Null-Leitplanke angemessen. Tatsächlich ist das Klima-Energie-Problem auch ohne Atomstrom zu lösen.

Für die Kohlenstoffspeicherung hat sich in der Zwischenzeit erwiesen, dass sie im Zusammenhang mit der Stromproduktion nicht wirtschaftlich sein kann – trotz anfänglicher Hoffnungen wird dieser Ansatz daher nicht weiterverfolgt. Im Zusammen-hang mit der Schwerindustrie (z. B. Stahl- und Aluminiumpro-duktion, Glaserzeugung und Grundstoffchemie) könnte jedoch noch ein Nutzen bestehen, eine Option, die gegenwärtig geprüft wird.

Schließlich postuliert der Beirat auch noch verschiedene Leit-planken für den Ausbau von kohlenstoffneutralen, erneuerba-ren Energiegewinnungstechniken wie Wind- und Wasserkraft sowie Biomasse. Diese Leitplanken berücksichtigen wichtige Nachhaltigkeitskriterien.

Es gibt mehrere Szenarien mit unterschiedlichem Energiemix, die alle die eben erläuterten Nachhaltigkeitsbedingungen erfüllen. Sind diese Wunderszenarien, die Energiesicherheit, Klima- und Naturschutz zugleich garantieren sollen, überhaupt realisierbar und, wenn ja, zu welchem Preis? Der WBGU hat zur Beantwor-tung dieser essentiellen Fragen zum Anfang der 2000er Jahre eine Reihe von Studien und Modellrechnungen in Auftrag gege-ben.

Diese Modelle haben sich seitdem stetig fortentwickelt, so dass im letzten Sachstandsbericht des Weltklimarates konsoli-dierte Abschätzungen zu den Kosten der Klimastabilisierung deutlich unter 2 °C erstellt werden konnten.[138] Demnach führt ein global kostenoptimal durchgeführter Umbau des Energie-systems zu einer Abschwächung des jährlichen Wirtschafts-wachstums von im Mittel 0,06 % bis zum Ende des 21. Jahr-hunderts. Diese durch den Klimaschutz verursachten Einbußen sind im Vergleich zu den in den Modellen unterstellten Annah-men zur Referenzentwicklung eines jährlichen globalen Wirt-schaftswachstums von 1,9–3,8 % ausgesprochen moderat.

Und diesen verhältnismäßig geringen Kosten stünden gewal-tige Nutzeffekte gegenüber,[139] auf die wir etwas weiter unten

104   5. Die Lösung des Klimaproblems

noch eingehen werden. Allerdings steigen die Kosten der Klima-stabilisierung bei einer weiteren Verzögerung umfassender globaler Emissionsminderungsmaßnahmen massiv an.[140] Modellstudien zeigen, dass eine deutliche Stärkung der Klimaschutzanstrengungen bis 2030 unerlässlich ist, um die Klimaschutzziele des Paris-Abkommens in Reichweite zu halten.

Wieso ist aber die Energiewende (noch) so verhältnismäßig billig zu haben? Die Antwort auf diese berechtigte Frage ist so vielschichtig wie die Problemlage, organisiert sich aber um das Zauberwort «Induzierter Fortschritt». Unter normalen gesamtwirtschaftlichen Betriebsbedingungen sorgen die globalen und nationalen Märkte nach den Gesetzen von Angebot und Nachfrage für die beständige Erzeugung und Verbreitung von Innovationen – selbstverständlich auch im Energiesektor. Der Fortschritt im letzteren Bereich ist allerdings nach dem Verdauen der Ölpreisschocks der 1970er Jahre durch die Industrieländer fast zum Erliegen gekommen (die entsprechenden Investitionen könnten infolge hoher Preise auf dem Rohölmarkt wieder anwachsen, auch wenn eher ein Boom bei der Erschließung bisher unrentabler fossiler Lagerstätten zu erwarten ist). Außerdem reicht die durchschnittliche Innovationsdynamik bei weitem nicht aus, um einen großen Strukturwandel vom Kaliber einer neuen Industriellen Revolution auszulösen. Aber die Wirtschaftsgeschichte lehrt, dass unter besonderen Bedingungen sehr wohl Forschrittsschübe entstehen können, welche unsere Gesellschaft dramatisch verändern (Beispiel: Gründerzeit).

Märkte können *aus innerem Antrieb* die richtigen Antworten auf das Klima-Energie-Problem nur bedingt finden. Eine wohlstandsverträgliche Lösung ist aber sehr wohl möglich, wenn die öffentlichen Hände (sprich: die Regierungen und Behörden) die *richtigen Rahmenbedingungen* schaffen. Die Staaten müssen die Transformation des Energiesystems aktiv gestalten: zum Beispiel durch Auflagen, die von langfristig katastrophalen Investitionsentscheidungen weglenken, und Anreize, die das verfügbare Kapital in nachhaltigkeitsfördernde Unternehmungen locken. Eine essentielle Auflage in diesem Sinne ist z. B. die überprüfbare Begrenzung der Treibhausgasemissionen auf ein tole-

Der WBGU-Pfad zur Nachhaltigkeit

rierbares Maß. Anreize in diesem Sinne sind z. B. die Schaffung des Emissionshandels, der energieeffizienten Akteuren Profit verspricht. In den letzten Jahren wurde allerdings immer stärker argumentiert, dass Emissionshandel mit einem Mindestpreis untersetzt sein müsste. Auch werden unter Ökonomen die Rufe nach einer direkten CO_2-Steuer lauter.[141]

Konkret zeigen die Modellrechnungen, dass die neue Industrielle Revolution in Richtung Nachhaltigkeit vor allem die folgenden Optionen nutzen muss: 1. Massive Effizienzsteigerungen und Verhaltensänderungen quer durch den Verbraucherkosmos hin zu sparsamerem Umgang mit Primärenergie und Energiedienstleistungen. 2. Ersatz fossiler durch erneuerbare Energien im Rahmen eines durchgreifenden Strukturwandels. Es lohnt sich, wesentliche Aspekte dieser beiden ersten Optionen nochmals kurz hervorzuheben: Die Nachfrage nach Energiedienstleistungen wird durch steigende Preise allein nur wenig gedämpft; eher könnten bewusste Konsumentenentscheidungen aufgrund verbesserter Einsichten in die Klimaproblematik hier eine wichtige Rolle spielen. Die Verminderung der «Kohlenstoffintensität» des fossilen Sektors dürfte kurzfristig hauptsächlich durch die großflächige Substitution von Kohle und Öl durch das (etwas) klimafreundlichere Erdgas erfolgen. Dies hätte einen weiteren Vorteil: Die Gas-Infrastruktur könnte für innovative Techniken zur Energiespeicherung in Zeiten überschüssiger Verfügbarkeit erneuerbarer Energien (Stichwort Power-to-X) oder für Biogas verwendet werden. Langfristig ist jedoch der Strukturwandel zu einer Solargesellschaft unabdingbar. Solarthermie, Windstrom, Photovoltaik und Biomasse sind die Trumpftechnologien der Zukunft. Diese Trümpfe werden allerdings nur dann *rechtzeitig* stechen, wenn die Weltwirtschaft bereit ist, schnell genug zu lernen, und dafür auch die nötige politische Unterstützung bekommt. Technisch ausgedrückt bedeutet dies, dass die «Lernkurven» bei der Etablierung der erneuerbaren Energieformen – aber auch bei der Steigerung der Energieeffizienz im fossilen Energiesektor – steil nach oben weisen müssen. Die Erfahrung zeigt immerhin, dass «Learning by Doing» eine der großen Stärken der demokratischen Markt-

106   5. Die Lösung des Klimaproblems

wirtschaft ist: Je tiefer eine Innovation in die Anwendung vordringt und je breiter ihre Klientel wird, desto rascher steigert sie ihre Leistungskraft und Rentabilität. Illustriert wird dies am Beispiel der Photovoltaik: Deren weltweit installierte Kapazität stieg im Zeitraum von 1998 bis 2015 im Mittel um 38% pro Jahr.[142]

Ein anderes hervorragendes Beispiel ist die Windenergie, deren Kosten seit den 1990er Jahren stark gesunken sind, während die Nennleistung stark gestiegen ist und mittlerweile bei den leistungsstärksten Onshore-Anlagen bis zu 6,15 MW pro Einheit beträgt. In Deutschland sind bereits (Stand 2018) rund 29 800 Windkraftanlagen installiert, die 18,8% der nationalen Stromerzeugung erbringen. Schon heute sind Onshore-Windenergieanlagen in ihren Stromgestehungskosten mit Braunkohlekraftwerken vergleichbar. Durch steigende CO_2-Zertifikatspreise und abnehmende Volllaststunden werden die Kosten für Braunkohlekraftwerke perspektivisch steigen, während die Kosten für Windenergie weiterhin sinken.

Das wahre Potential der Windkraft liegt jedoch nicht hierzulande, sondern in einem transeuropäischen Verbund, durch den der europäische Strombedarf fast vollständig von den besten Windstandorten in und um Europa gedeckt werden könnte.[143] Dies sind u. a. die Küsten Schottlands, Norwegens, Marokkos und Mauretaniens sowie das nördliche Russland und Kasachstan, wo vielerorts an Land (und in dünn besiedelten Gebieten) über 3000 Volllast-Stunden möglich sind. Von diesen Standorten aus könnte bereits mit heutiger Technologie der Strom zu weniger als 5 Cent/kWh zu uns geliefert werden – Leitungskosten von 1,5–2 Cent/kWh bereits eingerechnet. Wasserkraftwerke könnten genutzt werden, um die zeitlichen Schwankungen im Windstrom auszugleichen – schon allein die Kapazität der norwegischen Stauseen würde für einen Großteil der zukünftigen Backup-Aufgaben ausreichen. Voraussetzung dafür ist allerdings der Aufbau der dazu notwendigen Fernleitungen.

Eine weitere vielversprechende Option sind solarthermische Kraftwerke, bei denen durch Spiegel die Sonnenwärme konzentriert und damit durch eine Turbine Strom erzeugt wird (ver-

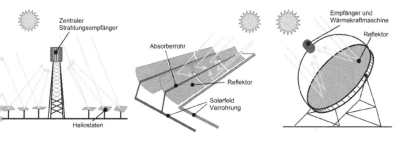

Abb. 5.2: Prinzipien der Strahlungskonzentration in thermischen Solarkraftwerken. V. l. n. r.: Solarturm, Parabolrinne, Paraboloid. (Quelle: DPG[144])

schiedene Technologien sind in Abb. 5.2 skizziert). Seit Mitte der 1980er Jahre werden an sonnenreichen Standorten Kraftwerke mit Parabolrinnen kommerziell betrieben. Das sich derzeit noch im Bau befindende Kraftwerk Ouarzazate in Marokko wird nach Fertigstellung das leistungsstärkste seiner Art sein. Eine Reihe weiterer Großprojekte, beispielsweise in Nevada, der Negevwüste und der Atamacamwüste, sind in Planung. Mit derartigen Kraftwerken könnte ebenfalls aus nordafrikanischen Staaten Strom nach Europa geliefert werden; an guten Standorten könnte dies schon bald wirtschaftlich sein. Als nächster Schritt muss hier – ebenso wie für den Windstrom – ein leistungsfähiger Stromverbund geschaffen werden.

Dieser Exkurs über die volkswirtschaftlich-technologischen Bedingungen des Klimaschutzes war notwendig, um den WBGU-Ansatz richtig würdigen zu können: Er gibt nicht nur die ökologischen Grenzen des konventionellen Wachstums vor, sondern skizziert auch den ökonomischen Pfad zum innovativen Wachstum *innerhalb* jener Grenzen. Damit sind zwei der drei wesentlichen Dimensionen einer nachhaltigen Strategie abgedeckt – es fehlt noch die soziale Gerechtigkeit. Diese lässt sich im Kontext der anthropogenen Erderwärmung in zwei ethischen Grundüberzeugungen zusammenfassen: 1. Jeder Mensch ist nicht nur vor dem Gesetz, sondern auch vor der Natur gleich. 2. Wer den Klimaschaden anrichtet, soll auch dafür geradestehen («Polluter Pays Principle»). Auf Prinzip Nr. 2 werden wir weiter unten

108   5. Die Lösung des Klimaproblems

eingehen; zunächst wollen wir uns mit dem Gleichheitsgebot auseinandersetzen.

Denn selbst wenn man die weltweiten Emissionen so einschränkt, dass das 2-Grad-Limit (bzw. die CO_2-Stabilisierung bei 450 ppm) beachtet wird, bleibt doch noch die Frage offen: Wie soll der «globale Verschmutzungskuchen» auf die einzelnen Akteure (und insbesondere die Staaten der Erde) verteilt werden? Man kann diese Frage mit juristischer Fingerfertigkeit drehen und wenden, was in den letzten Jahren auch ausgiebigst geschehen ist. Aber letztlich gibt es doch nur eine robuste und moralisch vertretbare Antwort: Jede Erdenbürgerin und jeder Erdenbürger hat exakt den gleichen Anspruch auf die Belastung der Atmosphäre, die zu den wenigen «globalen Allmenden» zählt. Der WBGU hat dieses Prinzip schon im Jahr 1995 anlässlich der Vorbereitungen der 1. VSK in Berlin propagiert und damit verblüffte bis gereizte Politikerreaktionen ausgelöst: Wie um alles in der Welt soll der Gleichheitsgrundsatz im Klimaregime völkerrechtlich anerkannt – und erst recht umgesetzt – werden, wo doch heute ein Nordamerikaner durchschnittlich hundertmal so viele CO_2-Emissionen verursacht wie die Bewohner südindischer oder westafrikanischer Regionen? Inzwischen ist jedoch die Klimaschutzkarawane ein Stück weitergezogen, und der WBGU-Vorstoß ist Teil eines breiten ethischen Diskurses geworden, der immer größere Dynamik entfaltet.

Eine der fundamentalen naturwissenschaftlichen Randbedingungen der Klimapolitik ist die Tatsache, dass *insgesamt* (also nicht jährlich) nur noch eine begrenzte Menge an CO_2 ausgestoßen werden kann, wenn die globale Erwärmung auf 2 Grad (oder irgendeinen anderen Wert) begrenzt werden soll. Emittieren wir heute mehr, bleibt für morgen nur noch weniger übrig. Das liegt an der langen Verweildauer von CO_2 in der Atmosphäre – die Erde verzeiht uns vergangene Sünden nur sehr langsam. Diesen begrenzten «Kuchen» an noch vertretbaren Emissionen gilt es also, gerecht aufzuteilen.

Wie groß ist dieser Kuchen? Die verschiedenen Berechnungsmethoden geben ein recht weites Spektrum vor, aber bei den gegenwärtigen Emissionsraten ist er spätestens in eineinhalb

Jahrzehnten aufgegessen – möglicherweise aber auch schon in wenigen Jahren.[145] Eine Darstellung der verschiedenen gangbaren Reduktionsraten bis zur Kohlenstoffneutralität spätestens zur Mitte des 21. Jahrhunderts findet sich weiter unten, im Abschnitt «Der Pariser Klimavertrag».

Eine ähnlich breite, aber weniger tief gehende Analyse organisiert sich um die Idee der «Vermeidungskeile».[146] Bei diesem Ansatz wird versucht zu zeigen, dass mit schon existierenden Technologien und Instrumenten Treibhausgasemissionen im Gigatonnen-Bereich vermieden werden können und man nicht erst auf futuristische Wunderwaffen warten muss.[147]

Anpassungsversuche

Bisher haben wir allerdings die Klimarechnung ohne den Wirt, sprich: die nicht vermiedenen/vermeidbaren Klimafolgen, gemacht. Und dieser Wirt dürfte darauf bestehen, dass die Zeche bezahlt wird – in Form von wirtschaftlichen Schäden, sozialen Verwerfungen und großen Verlusten an Menschenleben. Wie schon erwähnt, ist es ausgesprochen schwierig, diese Auswirkungen präzise als Funktion der Erderwärmung zu beziffern. Immerhin wagen sich inzwischen diverse Studien daran, zumindest Größenordnungen abzuschätzen. Nach einer Untersuchung des Deutschen Instituts für Wirtschaftsforschung können bei einem Anstieg der globalen Mitteltemperatur um 3,5 °C bis 2100 ökonomische Verluste im Wert von 150 Billionen US-Dollar entstehen, bei einem Anstieg um 4,5 °C könnten sich diese Verluste sogar noch verdoppeln.[148] Man beachte zudem, dass bei diesen Zahlen nichtlineare Prozesse im Klimasystem, welche die Verluste beispielsweise durch raschen Anstieg des Meeresspiegels in exorbitante Höhen treiben könnten, noch gar nicht berücksichtigt sind. Dennoch würden die volkswirtschaftlichen Einbußen auch so bereits rund zwanzigmal so hoch liegen wie die Kosten der Klimastabilisierung auf einem akzeptablen Niveau!

Von praktisch unersetzlichen Werten wie menschlicher Gesundheit, kultureller Heimat oder Naturerbe ist bei diesem Kalkül noch nicht einmal die Rede.

5. Die Lösung des Klimaproblems

An dieser Stelle käme das oben erwähnte Verursacherprinzip zwangsläufig ins Spiel: Denn «eigentlich» müssten diejenigen Länder, die überproportional viele Treibhausgase ausstoßen, diejenigen Länder, die überproportional unter den Auswirkungen leiden, in angemessener Weise entschädigen. Die direkte Durchsetzung des «Polluter Pays Principle» im Rahmen einer internationalen Klimagerichtsbarkeit würde allerdings, wie skizziert, einen ungeheuren Kapitalfluss von den Industriestaaten in die Entwicklungsländer verursachen und deshalb von Ersteren mit allen Mitteln bekämpft werden. Den rettenden Ausweg für alle könnte die *proaktive Anpassung* an den Klimawandel darstellen, wobei die heutigen Notstandsländer des Südens vor besonders hohen Herausforderungen stünden.

Aber was ist «Anpassung»? Die einschlägige Forschung verzettelt sich beim Versuch der Beantwortung dieser Frage seit vielen Jahren in ziemlich fruchtlosen konzeptionellen Diskursen. Deshalb hier unsere Definition: «Anpassung an den Klimawandel ist der Versuch, die potentiell negativen Folgen durch möglichst intelligente, preiswerte und leicht durchführbare Maßnahmen weitestgehend abzuschwächen und die potentiell positiven Folgen durch ebensolche Maßnahmen weitestgehend zu verstärken.»

Im Idealfall bedarf es tatsächlich nur einer cleveren und kostenlosen Umstellung des Alltagsverhaltens, die vielleicht sogar noch zusätzliche Lebensqualität schafft: Warum sollten sich die Deutschen beispielsweise nicht die mediterrane Siesta angewöhnen, wenn die Temperaturen hierzulande auf Mittelmeerniveau stiegen? Im schlimmsten Fall jedoch – und es wird viele «schlimmste Fälle» geben – ist die Anpassung nichts weiter als eine von der Natur unter Blut, Schweiß und Tränen erzwungene Reaktion der betroffenen Gesellschaft: Wie sollen beispielsweise die Küstenmetropolen am Indischen Ozean gehalten werden, wenn der Meeresspiegel tatsächlich um mehrere Meter steigt? Und der Umbau der mitteleuropäischen Hauptstädte wie Berlin und London auf Subtropen-Tauglichkeit dürfte nicht aus der Portokasse zu bezahlen sein.

Das wahre Ausmaß des sich unerbittlich aufbauenden Anpassungsdrucks ist leider kaum jemandem bewusst – auch nicht den professionellen Klimaunterhändlern im Rahmen des VN-Systems. Belege für diese Einschätzung sind Zuschnitt und Größenordnung der kümmerlichen «Marrakesch-Fonds», die auf der 7. VSK zur Finanzierung von Klimaschutzmaßnahmen in Entwicklungsländern eingerichtet wurden. Selbst die 2009 in Kopenhagen avisierte Aufstockung der Transferleistungen für Anpassung und Vermeidung auf 100 Milliarden Dollar ab dem Jahr 2020 wird dem Problem nicht gerecht. Zudem spricht zurzeit vieles dafür, dass das selbstgesteckte Ziel bei weitem verfehlt wird – bis Mai 2018 waren von vereinbarten 100 Milliarden Dollar lediglich 10 Milliarden in diesen «Green Climate Fund» eingegangen!

Man muss kein Zyniker sein, um festzustellen, dass hier versucht wird, ein Billionen-Dollar-Problem faktisch mit einem Millionen-Dollar-Programm zu beheben: Das gegenwärtige Missverhältnis zwischen Angebot und Bedarf liegt also grob bei eins zu einer Million! Von der globalen Klimaschutzarchitektur sind somit vorläufig in Sachen Anpassung nicht mehr als Tropfen auf den heißer werdenden Planeten zu erwarten. Wir werden auf diese Thematik aber noch einmal zurückkommen.

Abgesehen von der direkten Erschließung neuer Finanzquellen für Anpassungsmaßnahmen in den besonders verwundbaren Zonen der Erde gibt es allerdings noch eine Vielzahl von *institutionellen Optionen*, welche nicht innerhalb des Systems der Klimarahmenkonvention verfolgt werden müssen und die wesentlich dazu beitragen könnten, die Folgen der Erderwärmung besser zu verkraften. Auf der globalen Skala sind hier in erster Linie die Weltgesundheitsorganisation (WHO) und das VN-Hochkommissariat für Flüchtlingswesen (UNHCR) zu nennen: Wie wir schon erläutert haben, wird sich die weltweite epidemiologische Situation mit dem Klimawandel drastisch verändern, und der beschleunigte Meeresspiegelanstieg allein wird die Migrationsströme der Vergangenheit als vergleichsweise pittoreske Wanderungen in kleinen Gruppen erscheinen lassen. Eine rasche Analyse der Strukturen und Kapazitäten des heuti-

5. Die Lösung des Klimaproblems

gen VN-Flüchtlingswerks zeigt, dass bereits die Migrationsprobleme der Gegenwart kaum bewältigt werden können. Allein infolge des Krieges in Syrien geriet ganz Europa bereits in schweres politisches Fahrwasser. Um die drohende klimabedingte Völkerwanderung im planetarischen Maßstab gewaltfrei zu «verarbeiten», bedarf es einer grundsätzlichen Reform und der Ausstattung mit höchsten politischen Kompetenzen über eine Fortschreibung der VN-Charta. In ähnlicher Weise ist die WHO an die Bedürfnisse der Zukunft anzupassen. Beispielsweise kann man sich schwer vorstellen, dass das heutige (der Erfahrungswelt des 19. Jahrhunderts entsprungene) internationale Quarantänesystem dafür taugt, die Herausforderungen einer hochmobilen Welt im Klimawandel zu bestehen.

Auf der regionalen bis kommunalen Skala gibt es noch viel mehr Bedarf, aber auch Spielräume, wirksame und kostengünstige Regelungen zur Anpassung an die Erderwärmung in Gang zu bringen. Im Grunde müssten sämtliche Planungsmaßnahmen zu Raumordnung, Stadtentwicklung, Küstenschutz und Landschaftspflege unter einen obligatorischen Klimavorbehalt gestellt und durch geeignete Anhörungsverfahren («Climate Audits») zukunftsfähig gestaltet werden. Das Gleiche gilt für alle privaten und öffentlichen Infrastrukturgroßprojekte (wie Talsperren oder Hafenanlagen), für die Fortschreibung von Verkehrswegeplänen, für die regionale Industriepolitik (welche künftige Standortbedingungen antizipieren muss), für die Überarbeitung nationaler Tourismuskonzepte etc. Eine riesige Aufgabe türmt sich beispielsweise vor der EU auf, welche ihr sündteures und ohnehin reformbedürftiges Herzstück – die Gemeinsame Agrarpolitik – mit den klimabedingten Veränderungen der landwirtschaftlichen Produktionsbedingungen in Europa und Übersee kompatibel machen muss. Die zuständigen Regierungen und Behörden hatten lange Zeit gar nicht erfasst, dass da eine gewaltige Lawine auf sie zukommt, bzw. beschlossen, den fernen Donner zu überhören – inzwischen können die Ohren aber nicht mehr verschlossen werden.

Eine größere Anpassungsdynamik ist da schon von der privaten Wirtschaft zu erwarten: im Wasser-, Abfall-, Bau-, Energie-,

Anpassungsversuche 113

Forst- und Weinsektor etwa beginnt man die Zeichen der Zeit (langsam) zu erkennen, und allen voran bewegt sich die (Rück-) Versicherungswirtschaft. Ihr Überleben steht auf dem Spiel, wenn die Prämienstruktur nicht optimal an die durch die Erderwärmung massiv verzerrte Entwicklung der versicherten Schäden – vor allem durch extreme Wetterereignisse – angepasst wird.

Haben also die neoliberalen Theoretiker vom Schlage Lomborgs (siehe den oben erwähnten «Kopenhagener Konsens») recht, die darauf vertrauen, dass die Märkte in der Lage sein werden, auch die gewaltigste Anpassungsleistung der Zivilisationsgeschichte zeitgerecht zu organisieren, und wir daher auf ein Abbremsen des Klimawandels verzichten können? Die oft geführte Diskussion um «Anpassung statt Vermeidung» erweist sich bei näherem Hinsehen rasch als Scheinalternative. In Wahrheit ist beides unerlässlich: Erhebliche Anpassung an den Klimawandel wird auch bei einer Erwärmung um global «nur» 2 °C notwendig sein. Und ohne eine Begrenzung des Klimawandels auf höchstens 2 °C wäre eine erfolgreiche Anpassung an den Klimawandel kaum möglich. Würde es global 3, 4 oder gar 5 °C wärmer, würden wir Temperaturen erreichen, wie sie es seit mehreren Jahrmillionen auf der Erde nicht gegeben hat.[149] Die Grenzen der Anpassungsfähigkeit würden nicht nur für viele Ökosysteme überschritten.

Einzelne Wissenschaftler haben im Zusammenhang mit der Hurrikan-Katastrophe von New Orleans im Spätsommer 2005 dem Vorrang der Anpassung das Wort geredet.[150] Insbesondere wird gelegentlich versucht, die grundsätzliche Überlegenheit von lokalen, kurzfristigen Bewältigungsmaßnahmen gegenüber globalen, langfristigen CO_2-Reduktionsstrategien aufzuzeigen. Solche Gedankengänge verkennen allerdings Charakter und Ausmaß der mit dem Klimawandel verbundenen Herausforderungen. Wir wollen dies gerade am Beispiel der Bedrohung durch tropische Wirbelstürme erläutern: Dass mit fortschreitendem Klimawandel und den dadurch steigenden Oberflächentemperaturen der äquatornahen Meere die Neigung der Natur, Hurrikane oder Taifune von immer zerstörerischer Wucht zu bilden, zunimmt, ist eine ziemlich robuste wissenschaftliche Projektion. Die Erfah-

114   5. Die Lösung des Klimaproblems

rungen aus dem Jahr 2017, dem *annus horribilis*, passen nur allzu gut in dieses Bild: *Harvey* (127,5 Milliarden US-Dollar Schaden), *Maria* (91,8 Milliarden US-Dollar), *Irma* (51,0 Milliarden US-Dollar).[151]

Wie man an diesem Beispiel sieht, hat man aber mit einer robusten Projektion nur eine typisch statistische Aussage gemacht, die für den Schutz gegen Einzelereignisse wertlos ist: Der individuelle tropische Wirbelsturm ist ein reines Zufallsphänomen, dessen Entstehung überhaupt nicht und dessen Zugbahn bestenfalls für wenige Tage vorhergesagt werden kann. Ein Prognosefehler von einigen Stunden bzw. wenigen Dutzend Meilen könnte tödliche Konsequenzen haben. Insofern ist eine «feinchirurgische» Anpassungsstrategie, bei der die wenigen Verliererstädte oder -landstriche in der Sturmlotterie aufgrund ausreichender Vorwarnzeiten das heranziehende Verhängnis geschickt unterlaufen (durch generalstabsmäßige Evakuierung, Ad-hoc-Sicherung des Gebäudebestands aus den Standardangeboten von Supermärkten oder der Mobilisierung der Nationalgarde), eine gefährliche Illusion.

Wenn sich die Wahrscheinlichkeiten im Hurrikan-Regime der Karibik aufgrund des anthropogenen Klimawandels tatsächlich drastisch ändern, dann muss die ganze betroffene Region Risikomanagement auf der Basis jener modifizierten Wahrscheinlichkeiten betreiben. Im Wesentlichen stehen drei Optionen zur Auswahl: 1. Die veränderte Bedrohungslage ignorieren. 2. Die Karibik flächendeckend hurrikansicher machen. 3. Die gefährdeten Siedlungsräume aufgeben. Politisch sind weder Option 1 noch Option 3 durchsetzbar, da beide unter anderem den Niedergang des US-Bundesstaates Florida implizieren würden. Somit verbleibt als einzige stimmige und gerechte Anpassungsstrategie Option 2, die jedoch mit horrenden Kosten und Anstrengungen verbunden wäre. Erschiene es da vielleicht nicht doch sinnvoller (und billiger), das Übel an der Wurzel zu packen, sprich: durch Emissionsreduktionen dafür Sorge zu tragen, dass das Hurrikan-Regime im (schwer genug zu beherrschenden) Normalbereich bleibt? Denn dadurch würden *mit Sicherheit irgendwo* in der Region Katastrophen verhindert, während die Anpassung *nirgendwo völlige Sicherheit* garantierte, aber *überall Kosten.*

Man kann diese Analyse durch ein Gedankenexperiment aus dem Terrorismusbereich illustrieren: Wenn ein Staat von ausländischen Heckenschützen bedroht wird, die über einen bestimmten Grenzabschnitt eingeschleust werden, dann kann man im Rahmen einer «Anpassungsstrategie» z. B. sämtliche Bürger mit kugelsicheren Westen und gepanzerten Fahrzeugen ausrüsten – da man ja nicht vorhersagen kann, wo und wann die Terroristen zuschlagen werden. Jeder Leser wird zustimmen, dass eine solche Strategie ebenso dumm wie teuer ist. Selbstverständlich wäre hier eine «Vermeidungsstrategie» vorzuziehen, welche das Einsickern der Terroristen durch Abriegelung des fraglichen Grenzabschnittes verhindert – auch wenn dafür große Anstrengungen erforderlich sind. Leider gibt es aber auch in diesem Gleichnis einen faulen Kompromiss, welcher der politischen Realität wohl am nächsten kommt: Die Regierung sieht sich nicht in der Lage, die Grenze nachhaltig zu sichern, organisiert jedoch für alle staatstragenden Figuren umfassenden Personenschutz (den sich darüber hinaus alle Wohlhabenden auf eigene Rechnung besorgen).

Es besteht die große Gefahr, dass sich eine ähnlich faule Kompromissstrategie in der sturmbedrohten Karibik durchsetzen wird: Die Zitadellen der Mächtigen und Reichen (wie Miami und Cancún) werden wind- und wasserdicht gemacht, der Rest der Region muss sehen, wo er bleibt. Diese Form der Anpassung würde dem neoliberalen Ethos durchaus entsprechen – wer arm bleibt, versteht die Chancen der Globalisierung eben nicht zu nutzen und hat somit auch keinen Schutz gegen die Erderwärmung verdient.

Die Koalition der Freiwilligen
oder «Leading by Example»

Mit den oben skizzierten Vorschlägen zur Anpassung *statt* Vermeidung sind wir bei der untauglichsten aller Ausdeutungen des abgedroschenen, aber berechtigten Slogans «Global denken, lokal handeln» angekommen. Natürlich ist auch die lokale An-

116   5. Die Lösung des Klimaproblems

passung ein wichtiger Bestandteil einer umfassenden «Klimalösung» – wenn das Kind schon in den Brunnen gefallen ist, muss man es deswegen nicht ertrinken lassen. Aber eigentlich wird aus dieser Argumentation zugunsten kleinräumigen und individuellen Managements des Klimawandels erst umgekehrt ein Schuh, wenn man nämlich bei der *Vermeidung* ansetzt: Schließlich ist «der Staat» in den meisten Ländern der Erde nur für den kleineren Teil der Treibhausgasemissionen verantwortlich; den Löwenanteil steuern private Produzenten und Konsumenten bei. Wenn man also diese Individualakteure der Volkswirtschaft für einen nachhaltigeren Umgang mit Energie gewinnen könnte, dann wären viele Anpassungsleistungen am Ende der Klimawirkungskette erst gar nicht mehr notwendig.

Gerade im angloamerikanischen Raum, wo Eigenverantwortung immer noch höher bewertet wird als Staatsvorsorge, gibt es in dieser Hinsicht inzwischen eine Reihe von bemerkenswerten Initiativen. Zum Beispiel einen Vorstoß von Wissenschaftlern und Politikern in Großbritannien, *persönliche Verschmutzungskontingente* («Domestic Tradable Quotas», kurz: DTQs) als ökonomisches Instrument zur Begrenzung der Treibhausgasemissionen einzuführen.[152] Die Grundidee ist einfach: Gemäß Kyoto-Protokoll oder fortgeschriebener völkerrechtlicher Vereinbarungen werden bestimmten Staaten bestimmte CO_2-Emissionskontingente zugewiesen. Ein großer Teil eines solchen nationalen Kontingents wird nun in gleiche jährliche Guthaben für jedes Landeskind heruntergebrochen (den Rest versteigert die Regierung an meistbietende Unternehmen und andere Organisationen). Bürger X hat also zum Beginn des Jahres Y einen Betrag von Z Einheiten auf seinem «Kohlenstoff-Konto». Mit Hilfe einer entsprechenden «Kohlenstoff-Kreditkarte» und fortgeschrittener Informationstechnologie (siehe LKW-Maut) können bei allen wirtschaftlichen Handlungen von Herrn X (etwa beim Kauf von Heizöl oder Superbenzin) die damit ursächlich verknüpften CO_2-Emissionen festgestellt und postwendend vom Kohlenstoff-Konto abgebucht werden. Alles läuft analog zum elektronischen Zahlungsverkehr ab, nur dass die Währung nicht aus Euro, sondern Kohlenstoff-Einheiten besteht! Kontoreste können gegen

Jahresende weiterverkauft, Kontodefizite ins nächste Jahr übertragen oder durch Handel mit anderen, kohlenstoffsparsameren Bürgern ausgeglichen werden. Ein schwungvoller Individualmarkt nimmt somit dem System seine Starre und schafft gleichzeitig starke ökonomische Anreize für klimabewusstes Verhalten. Der Ansatz ist natürlich noch nicht praxisreif, eröffnet aber neue und bedenkenswerte Perspektiven.

Die DTQ-Idee dürfte in den USA zunächst nur wenige Anhänger finden, aber gerade aus diesem Land, das sich mit konstruktiven Impulsen für die internationale Klimapolitik bislang nicht sonderlich hervorgetan hat, kommen auch eine Reihe ermutigender Signale: Im Gegensatz zur derzeitigen deprimierenden Situation auf Bundesebene versuchen beispielsweise eine Reihe von Bundesstaaten (vornehmlich an der pazifischen Westküste und im atlantischen Nordosten) Maßnahmen zur Emissionsreduktion auf den Weg zu bringen. Überraschende Symbolfigur für diese stetig wachsende Bewegung wurde Kaliforniens früherer Gouverneur Arnold Schwarzenegger, der offenbar als CO_2-Terminator in die Umweltgeschichte eingehen will. Er hat eine Gesetzgebung unterstützt, welche die langfristige Entwicklung des Bundesstaates in Richtung Null-Emissionen unverblümt ansteuert. Auch der gegenwärtige Gouverneur Jerry Brown setzt diese Politik fort, so dass Kalifornien mittelfristig nicht mehr von diesem zukunftsfähigen Kurs abzubringen sein wird. Zumal der «Sun State» damit endlich größere Energieautarkie gewinnen könnte – was in gleicher Weise für alle Bundesstaaten im «Sun Belt» (wie Arizona und New Mexico) gelten würde.

Ebenfalls bemerkenswert ist die Klimaschutzbewegung, die von Städten ausgeht, und immer mehr Gewicht gewinnt: Beispielsweise im C40-Netzwerk, das mehr als 90 der größten Städte weltweit umfasst, sind über 650 Millionen Menschen und ein Viertel der Weltbevölkerung vertreten.[153] Warum aber setzen sich Städte an die Spitze der Klimaschutzbewegung?

Generell gilt, dass das System Stadt die ideale geographische Einheit darstellt, um integrierte Lösungen des Klimaproblems zu organisieren,[154] also geeignete Kombinationen von Vermeidungs- und Anpassungsmaßnahmen im direkten Dialog mit den

konkreten Akteuren zu planen und zu erproben. Die Stadtein-
heiten sind einerseits klein genug, um den schwerfälligen nationalen Tankern vorauseilen zu können (vom maroden Schlacht-
schiff der Vereinten Nationen ganz zu schweigen). Und sie sind
andererseits groß genug, um individuelle Motive und Aktionen
in gerichtete und kraftvolle kooperative Prozesse zu verwan-
deln. Hier gilt also das Motto: «Medium is beautiful!»

Da sind die öffentlichen, subnationalen Verwaltungseinhei-
ten wie Bundesländer (beispielsweise die als Reaktion auf Präsident Trumps Rückzug aus dem Pariser Klimavertrag gegründete United States Climate Alliance, deren 17 Mitgliedsstaaten
im Jahr 2018 rund 40% der US-Bevölkerung vertreten), aber
auch Distrikte und Kommunen und im mittleren Größenbereich
natürlich die privaten Wirtschaftseinheiten, die mit gutem Beispiel beim Klimaschutz vorangehen können. Von den weltweit
operierenden Energiekonzernen bis zu den ländlichen Agrar-
genossenschaften reicht das Spektrum der ökonomischen Akteure, die sich mit den Ursachen und Wirkungen der Erderwärmung auseinandersetzen müssen – früher oder später, ob sie
wollen oder nicht. Viele von diesen Unternehmen haben bereits
erkannt, dass die Nachhaltigkeitspioniere («First Movers») unter
ihnen nicht nur auf ein grünes Image in der öffentlichen Wahrnehmung hoffen dürfen, sondern auch auf handfeste wirtschaftliche Vorteile (wie Senkung der Betriebskosten, Verlängerung
der Planungshorizonte und Erschließung neuer Märkte).

Zusammen mit wichtigen zivilgesellschaftlichen Organisatio-
nen und Verbänden (wie etwa WWF) können die Regionen,
Kommunen und Unternehmer – also die Akteure mittlerer
Größe und Komplexität – dem Klimaschutz tatsächlich noch
zum Sieg verhelfen. Sie können, um einen Ausdruck von George
W. Bush ins Positive zu kehren, eine *Koalition der Freiwilli-
gen»* für den nachhaltigen Umgang mit unserem Planeten bilden.
Sie haben genug Einsicht, Beweglichkeit und Macht, um dort
erfolgreich zu sein, wo der einzelne Bürger verzweifelt und der
Nationalstaat zaudert.

Die Fortschritte auf der mittleren Ebene können und werden
im Übrigen enorm nach «unten» und «oben» ausstrahlen (siehe

Abb. 5.1): Zum einen in die Zivilgesellschaften hinein, wo die Einsichten über den Klimawandel («Public Understanding of Climate Change») vertieft und denen überzeugende Modellbeispiele für umweltbewusstes Verhalten («Leading by Example») verfügbar gemacht werden müssen, so dass sie die Lebensstilwende zur Nachhaltigkeit nicht verweigern. Zum anderen in die Regierungen hinein, welche Ausmaß, Dringlichkeit und Sprengkraft der Problematik immer noch zu ignorieren scheinen: Beispielsweise wird die Haftungsfrage für die nicht abgewendeten Klimaschäden – vor allem in den Entwicklungsländern – noch nicht einmal ernsthaft diskutiert. Und das, obwohl derzeit einige «Klimaklagen» anhängig sind: Sei es im Fall eines peruanischen Bauern, der das Unternehmen RWE verklagt,[155] oder sei es eine Klage von zehn vom Klimawandel betroffenen Familien gegen die EU.[156]

Der Pariser Klimavertrag

In vielen Ländern der Erde (z. B. Singapur) werden die Menschen erst im Alter von 21 Jahren volljährig und damit auch «geschäftsfähig». Dann können sie Verträge abschließen, also etwa eine Kreditvereinbarung mit einer Bank. Klimapolitisch scheint die Menschheit als Ganzes ebenfalls erst nach 21 Jahren geschäftsfähig geworden zu sein, nämlich im Jahre 2015 bei der VSK 21 in der «Stadt des Lichts», vulgo: Paris. Was dort beschlossen wurde, ist auf alle Fälle von historischer Bedeutung, wie wir gleich erläutern werden. Aber warum in aller Welt hat es so lange gedauert bis zum «Klimaschwur»?

Auf diese Frage lautet die banale, aber zutreffende Antwort: Es gab und gibt viele Gründe. Manche liegen in der menschlichen Natur, die nicht zuletzt von Bequemlichkeit und Opportunismus geprägt ist. Andere haben mit gezielten Kampagnen zu tun, mit denen die Profiteure des fossilen Wirtschaftens die Warnungen der Klimaforscher zu diskreditieren versuchen – und das höchst erfolgreich.[157] Nicht zu unterschätzen ist auch die Abneigung von Politikern gegenüber wirklich großen Aufgaben, während sie geradezu nach kleinen Problemen lechzen, die sich

5. Die Lösung des Klimaproblems

leicht lösen und in Wählerstimmen ummünzen lassen. Aber der wichtigste Grund von allen ist unserer Ansicht nach der Selbstbetrug der bunten weltweiten Gemeinschaft von Klimaschützern, die nach 1997 meinten, auf dem vom Kyoto-Protokoll vorgezeichneten Pfad einfach weiter bis zur triumphalen Rettung der Erde schreiten zu können. Die Autoren dieses Buches stellen hier keine Ausnahmen dar.

Der Triumph der multilateralen Klimapolitik sollte 2009 vollzogen werden, bei der VSK 15 in der dänischen Hauptstadt Kopenhagen. Wissenschaft und Moralphilosophie hatte unzweideutige Orientierungshilfe geleistet,[133, 158] die sich zu zwei Hauptempfehlungen verdichteten: Erstens, die Erderwärmung sollte in der Tat bei etwa 2 °C gestoppt werden, da andernfalls die negativen Folgen unbeherrschbar würden. Zweitens, der verbleibende «Emissionsraum» für die gesamte Menschheit sei deshalb scharf begrenzt und sollte so fair wie möglich aufgeteilt werden – am besten über gleiche Pro-Kopf-Zuteilung. Diese Empfehlungen sind nach wie vor richtig und sinnvoll. Aber wie können sie auf einem Planeten umgesetzt werden, wo weiterhin alle Macht von den Nationalstaaten ausgeht? Laut Wikipedia gibt es derzeit 193 davon, die den Vereinten Nationen angehören. Hinzu kommen die winzige, aber nicht bedeutungslose Vatikanstadt sowie 12 Gebilde von verschwommenem Charakter. All diese Teile des politischen Erdpuzzles sind mehr oder weniger souverän in ihren Entscheidungen, selbst wenn Letztere das Wohl und Wehe des ganzen Planeten betreffen. Folgerichtig müssen diese Teile freiwillig dasselbe wollen, wenn die Zukunftsfähigkeit der menschlichen Zivilisation gesichert werden soll. Zum Beispiel durch ein Klimaabkommen.

Wenn man dieses eklatante politische Dilemma so humorlos zusammenfasst, schrumpft die Hoffnung auf eine Lösung schnell auf einen winzigen Krümel zusammen. Aber an diesen Krümel klammerten sich tatsächlich die allermeisten der rund 27 000 Teilnehmer der VSK 15. Die ehrenwerte, aber letztlich naive Vorstellung war, dass die historisch einzigartige Versammlung von Staatsführern in Kopenhagen einen magischen Sog erzeugen könnte, der zwangsläufig die Fortschreibung des Kyoto-Protokolls zu einem globalen Lastenheft für den Klimaschutz nach vernünftigen Prinzipien bewirken würde. Ob sich die einzelnen Nationen später überhaupt an diesen multilateralen Masterplan gehalten hätten, ist eine müßige Frage. Denn sie ließen es erst gar nicht dazu kommen, als es im Dezember 2009 ernst wurde.

Bekanntlich missriet das Treffen zu einem der größten organisatorischen und politischen Desaster der Diplomatie-Geschichte. Das 2015 erschienene Buch «Selbstverbrennung»[159] widmet diesem Ereignis ein ganzes Kapitel und rekonstruiert die Mechanismen, die fast zwangsläufig zum Scheitern führen mussten. Dabei dominierte letztlich die instinktive Abwehr eines Abkommens, das erheblich in die nationale Souveränität eingreifen würde – und damit die Heilige Kuh schlachten könnte, die seit dem Westfälischen Frieden von 1648 die Doktrin von Staatlichkeit beherrscht. Entsprechend sangen die in Kopenhagen auftretenden Oberhäupter fast alle dasselbe Lied: Ja, wir müssen gemeinsam die Welt retten und dürfen keine Zeit mehr verlieren. Nein, einen nationalen Klimaschutzbeitrag über das längst auf den Weg Gebrachte hinaus können wir uns keinesfalls leisten, und überhaupt sollten gefälligst andere vorangehen. Nach diesen Ansprachen war bereits klar, dass der Kyoto-Ansatz in Dänemark beerdigt werden würde.

Immerhin entstand noch – auf ziemlich abenteuerliche Weise – eine Art Schlussdokument, die sogenannte Kopenhagener Vereinbarung («Copenhagen Accord»), die allerdings von den Vertragssaaten nicht verabschiedet, sondern lediglich zur Kenntnis genommen wurde. Und immerhin weist dieser ansonsten dürftige Text auf die große Bedeutung der 2-Grad-Leitplanke hin. Welche überraschenderweise im darauffolgenden Jahr bei der VSK 16 im mexikanischen Cancún anerkannt wurde, was nicht zuletzt dem unorthodoxen Leitungsstil der Konferenzpräsidentin Patricia Espinosa zu verdanken war. Espinosa ist übrigens seit Mai 2016 Generalsekretärin der Klimarahmenkonvention mit Sitz in Bonn.

Der unerwartete Erfolg von Cancún hauchte der multilateralen Klimadiplomatie, die nach Kopenhagen am Boden zerstört schien, neues Leben ein. Erst zögerlich, dann immer entschlossener arbeiteten verantwortungsbewusste Regierungen, erfahrene Bürokraten, Umweltverbände, Glaubensgemeinschaften, besorgte Wissenschaftler, ja sogar einige weitsichtigere Wirtschaftsorganisationen gemeinsam an der Vorbereitung einer «zweiten Chance». Diese Chance begann zu leuchten, als Paris als Bühne der schicksalhaften Konferenz bestimmt wurde. Denn abgesehen von der Faszination dieser Bühne war klar, dass die eher glücklose französische Regierung um Präsident Hollande hier die Gelegenheit für einen spektakulären globalen Auftritt sah. Folgerichtig wurde der exquisite diplomatische Dienst der «Grande Nation» darauf verpflichtet, sein ganzes Gewicht in die Waagschale zu werfen, damit die noch ferne VSK 21 ein Erfolg würde. Damit wurde der Glamour-Faktor der Konferenz hochgetrieben, der wohl an anderer Stelle – sagen wir, im albanischen Tirana – deutlich niedriger ausgefallen wäre.

Jedenfalls wurden alle Muskeln angespannt, um die Klimakurve doch noch zu kriegen. Dafür musste diese Kurve schon von weitem sichtbar sein; vor allem aber durfte sie nicht zu scharf sein. Denn die nationalen Reflexe, die das Kopenhagener Treffen ruiniert hatten, würden schlussendlich auch im mondänen Paris anspringen. Da konnte nur geopolitische Schizophrenie weiterhelfen, die sich auf die einfache Formel bringen lässt: *Wir beschließen alle gemeinsam, dass jeder selbst beschließt, welchen Beitrag er zum Vorhaben Weltrettung beitragen möchte.*

Völkerrechtlich impliziert dieser Ansatz, dass man der Kyoto-Kopenhagen-Falle zu entrinnen sucht, indem man die multilaterale Lösung eines genuin multilateralen Problems einfach monolateralisiert. Und inbrünstig darauf hofft, dass die rechnerische Summe der einzelnen nationalen Klimaschutzbeiträge schon irgendwie ausreichen wird. Man könnte dies auch respektlos, aber zutreffend als «Klingelbeutelprinzip» bezeichnen.

Politisch funktionierte die obige Weltklimaformel tatsächlich, wie sich im Dezember 2015 erweisen sollte. Aber wird sie auch physikalisch funktionieren? Bevor wir darauf eingehen, wollen wir die wichtigsten Ergebnisse der VSK 21, also die Kernelemente des Pariser Vertrages, nüchtern zusammenfassen (siehe dazu auch die entsprechende Website der Vereinten Nationen, wo die mittlerweile berühmte «Decision 1/CP.21» abgerufen werden kann[160]).

Erstens (Artikel 2) wird das Ziel, die menschengemachte Erderwärmung auf deutlich unter 2 °C zu begrenzen, völkerrechtlich bestätigt. Gleichzeitig werden Anstrengungen eingefordert, die sogar eine Begrenzung auf 1,5 °C erlauben.

Zweitens (Artikel 4) soll deshalb der Scheitelpunkt der globalen klimarelevanten Emissionen «so bald wie möglich» überschritten werden, so dass sich in der 2. Jahrhunderthälfte ein Gleichgewicht zwischen Quellen und Senken für Treibhausgase einstellen kann («Klimaneutralität»).

Drittens (Artikel 4 und 14) sind alle Vertragsstaaten verpflichtet, freiwillige nationale Beiträge («Nationally Determined Contributions», abgekürzt: NDCs) zur Begrenzung der Erderwärmung gemäß Artikel 2 vorzulegen und umzusetzen. Diese Beiträge sind alle fünf Jahre nach besten Kräften zu erhöhen. Um zu überprüfen, ob diese nationalen Maßnahmen überhaupt ausreichen, soll 2023 ein umfassender Kassensturz («Global Stocktake») vorgenommen werden, der dann ebenfalls alle fünf Jahre wiederholt wird.

Viertens (Artikel 7) sollen alle Vertragsstaaten nationale Anpassungspläne formulieren und implementieren sowie entsprechende Informationen über die entsprechenden Anstrengungen regelmäßig kommunizieren.

Fünftens (Artikel 13) wird verlangt, dass alle nationalen Informationen (über Treibhausgasvermeidung, sektorale Anpassung, Prozessunterstützung etc.) von internationalen Expertenteams überprüft werden. Dies soll die Transparenz und Vergleichbarkeit von Ländermaßnahmen sicherstellen.

Der Vertrag enthält natürlich noch viele andere Elemente, aber die politische Substanz steckt in den genannten fünf Punkten.

Die Bilder der euphorischen Schlussszenen des Pariser Gipfels vom Samstag, dem 12. Dezember 2015, gingen um die Welt und bleiben wohl für immer im historischen Gedächtnis der Menschheit – ob als Belege für die Überlebenskraft unserer Zivilisation oder als Symbole für den Selbstbetrug der Moderne wird sich erweisen. Dass es überhaupt so weit kam, hatte auch starke

5. Die Lösung des Klimaproblems

gruppenpsychologische und kulturelle Gründe. Den französischen Gastgebern gelang das Meisterstück, eine Atmosphäre für die Zehntausenden von Teilnehmern zu schaffen, wo man sich zugleich beschützt, frei beweglich und willkommen fühlte. Das Konferenzgelände in der Nähe des weitgehend ausrangierten Flughafens Le Bourget im Pariser Norden war freundlich, luftig und grün. Als Delegierter bekam man fast rund um die Uhr guten Kaffee und genießbares Essen. Und die Sicherheitskräfte grüßten jeden charmant über den Lauf ihrer Maschinenpistole hinweg. Bei der VSK 15 in Kopenhagen hatte man dagegen noch jedes Mal um sein Leben zu bangen begonnen, wenn ein Uniformierter in Sicht kam.

Das gelungene Ambiente verstärkte die gute Stimmung, die viele Teilnehmer schon mitgebracht hatten. Sie waren überzeugt, dass die zweite und letzte große Chance für den Weltklimaschutz genutzt würde. Oder sie wollten das einfach glauben. Und im Vorfeld hatte nicht nur die französische Diplomatie wahre Wunder gewirkt, sondern war auch diejenige Instanz zu Hilfe gekommen, die von Amts wegen für Wunder zuständig ist: die katholische Kirche bzw. deren charismatisches Oberhaupt, Papst Franziskus. Am 18. Juni 2015 wurde in Rom (unter Mitwirkung eines der beiden Autoren) die Enzyklika *Laudato si'*[161] der Weltöffentlichkeit vorgestellt, eine Lehrschrift, die den Schutz des Klimas als unverzichtbaren Beitrag zur «Wahrung der Schöpfung» einforderte. Bemerkenswerterweise stützte sich die Enzyklika auf den neuesten Stand der Klimawissenschaft, um dann entsprechende Handlungsgebote aus der katholischen Ethik abzuleiten. Diese Intervention des Papstes wurde von vielen Beobachtern der Klimadiplomatie als der Funke identifiziert, der den späteren «Geist von Paris» entfachte.

Dieser Geist besiegelt also das legendäre Abkommen, dessen Substanz oben dargestellt wurde. Aber was ist der Vertrag wert? Nun, von der Ambition her eine ganze Menge. Wie eine 2016 erschienene Publikation[130] darlegt, dürfte das erste Bündel von roten Temperatur-Linien im Klimasystem, die man inzwischen oft als «Kipppunkte» bezeichnet (siehe Kapitel 3) zwischen 1,5 und 2°C Erderwärmung liegen (siehe Abb. 5.1). Beispielsweise könnte in diesem Bereich bereits das irreversible Abschmelzen des grönländischen Eisschildes einsetzen; fällt der globale Temperaturanstieg noch größer aus, ist dieses Abschmelzen sehr wahrscheinlich. Insofern versucht der Pariser Vertrag, die Brandschutzmauer an der richtigen Stelle einzuziehen.

Was die Konsistenz angeht, zeigt das Dokument bereits Schwächen. Insbesondere ist höchst fragwürdig, ob sich die Erderwärmung auf 2 oder gar 1,5 °C begrenzen lässt, wenn erst irgendwann nach 2050 – wie wär's mit 2099? – Quellen und Senken für Treibhausgase zur Nullsumme zusammenspielen. Der Zeitpunkt, wann und vor allem auch die Art wie man die Emissionen ausmustert, ist von kritischer Bedeutung, wie die wissenschaftlichen Einsichten über ein begrenztes Kohlenstoffbudget belegen.[162]

Was schließlich die Operationalisierung betrifft, ist der Pariser Vertrag eigentlich ein Falschdokument. Denn dass die komplette Freiwilligkeit der jeweiligen nationalen Klimaschutzmaßnahmen, mit der man die Zustimmung aller Parteien erkauft hat, die notwendige radikale Dekarbonisierung der Weltwirtschaft zulässt, kann niemand ernsthaft glauben. Außer eben im Zustand der schweren Schizophrenie.[163] Man könnte die Inaussichtstellung der 1,5 °C-Limitierung des Klimawandels sarkastisch mit dem Versuch vergleichen, durch politischen Beschluss aller Nationen weltweit Erdbeben oberhalb der Richterskala-Stärke 8 einfach zu verbieten. Was die geophysikalischen Prozesse vermutlich wenig beeindrucken würde.

Leider ist Sarkasmus in dieser existentiellen Angelegenheit nicht besonders zielführend. Die VSK 21 beauftragte auch ganz ernsthaft den IPCC mit der Analyse der Sinnhaftigkeit und Machbarkeit der Pariser Ziele – eine unseres Erachtens extrem undankbare Aufgabe für den Weltklimarat. Das Ergebnis[164] ist entsprechend: Zu Recht wird festgestellt, dass ein halbes Grad weniger Erderwärmung eine erhebliche Minderung der Klimarisiken bewirken würde, gerade was den Anstieg des Meeresspiegels angeht. Was jedoch die Realisierung der 1,5 °C-Leitplanke betrifft, bläht der IPCC das entsprechende, noch verfügbare Kohlenstoffbudget auf ziemlich verwegene Weise auf, indem er einzelnen optimistischen Studien (siehe z. B. Millar et al.[165]) ein unangemessenes Gewicht gibt. Sosehr man sich ein wenig Hoffnung auf vollständige Umsetzung des Pariser Vertrages wünscht, muss man sich doch fragen, ob der Report des Weltklimarates nicht Züge eines Gefälligkeitsgutachtens trägt.

Aus unserer Sicht hilft es nicht, sich an den günstigsten Eventualitäten zu orientieren, wenn die Dekarbonisierungspfade im Einklang mit den VSK-21-Vorgaben ermittelt werden. Statt die Aufgabe kleiner zu rechnen, sollte man die Anstrengung größer anlegen. Beispielsweise lässt sich das oben vorgestellte WBGU-Szenario (S. 101 ff.) auf konsistente Weise so fortschreiben, dass die 1,5 °C-Leitplanke in Sicht kommt. Insbesondere kann man die Substitution von fossilnuklearen Energieträgern durch erneuerbare durchaus höher ansetzen, weil sich vor allem bei der Photovoltaik der technische und wirtschaftliche Fortschritt schneller vollzieht, als man vor zehn Jahren zu träumen wagte. Beispielsweise ist weltweit die entsprechende installierte Kapazität von 1998 bis 2015 im jährlichen Durchschnitt um 38 Prozent (!) gewachsen.[142] Wenn man nun bedenkt, dass die direkte solare Energieernte durch PV und Solarthermie rein physikalisch zwischen 1500 und 50000 Exajoule (EJ) im Jahr liegen könnte, während der globale Primärenergiebedarf für 2050 auf etwa 1000 EJ geschätzt wird, dann scheint der Weg in die neue, klimaverträgliche Energiewelt klar vorgezeichnet. Wie dieser Weg am besten und schnellsten zu beschreiten wäre, erläutern zahlreiche Studien, die in den letzten Jahren erschienen sind. Wir erwähnen explizit die Arbeit der Gruppe um T. W. Brown,[166] wo die Transformation des Elektrizitätssystems als Herzstück der Energiewende kritisch analysiert und bewertet wird. Dabei gehen die Autoren umfassend auf kritische Argumente ein und kommen nichtsdestotrotz zu dem robusten Ergebnis, dass diese Transformation ohne gesellschaftliche Verwerfungen in wenigen Jahrzehnten vollzogen werden kann.

Eine von den bisherigen Vorschlägen etwas abweichende Melodie bringt die Untersuchung ins Spiel, die ein Team um den Innovationsexperten Arnulf Grübler kürzlich veröffentlichte.[167] Dort wird zum einen vorgeschlagen, bei der Dekarbonisierung der Weltwirtschaft im Einklang mit der 1,5 °C-Leitplanke den

Blick vor allem auf die Reduktion des Energiebedarfs der Menschheit zu richten. Und zum anderen wird der interessante Versuch gemacht zu begründen, dass man dafür eigentlich nur Gebrauch von den *heute schon existierenden* technischen, logistischen und ökonomischen Optionen machen müsste. Mit anderen Worten, man benötige gar keine neuen Wunderwaffen im Kampf gegen den Klimawandel, die beispielsweise der Atmosphäre gigantische Mengen an CO_2 aktiv entzögen («negative Emissionen», siehe Epilog), sondern müsse nur dafür sorgen, dass Energieangebote und -nachfragen besser abgeglichen würden. Dazu sollte die Politik dem Markt endlich auf die Sprünge helfen. Denn innovative Produkte oder Verfahren werden häufig ignoriert, wenn sie «nur» die Ressourceneffizienz verbessern oder zu einer nachhaltigeren Lebensweise beitragen. Allein die Modernisierung von privaten Heizungsanlagen in Deutschland könnte eine enorme Minderung des Treibhausgasausstoßes bewirken, aber kaum jemand weiß, wie günstig und zügig diese Neuerung erfolgen könnte. Dagegen scheinen fast alle Konsumenten auf dem allerneuesten Stand zu sein, wenn es um elektronischen Klimbim geht, an dem man das Interesse in kürzester Zeit wieder verliert und der dann als Technikschrott auf den Müllhalden von Westafrika landet. Adam Smiths «unsichtbare Hand» greift offenbar meist daneben.

Neben der «sichtbaren Hand» des Staates braucht es vor allem aber ein Narrativ, eine gute Geschichte der Transformation, in der die Menschen gerne vorkommen wollen. Ein solches Narrativ wird in einem Artikel vorgestellt, den sechs Wissenschaftler (inklusive eines der beiden Buchautoren) 2017 in der Zeitschrift *Science* veröffentlichten.[131] Inspiriert durch das «Mooresche Gesetz» – die Leistungsfähigkeit von elektronischen Schaltkreisen verdoppelt sich seit den 1960ern etwa alle zwei Jahre – wird ein «Kohlenstoffgesetz» für die zeitgerechte Dekarbonisierung der Weltwirtschaft vorgeschlagen: *Alle zehn Jahre von heute an muss sich der weltweite Ausstoß von Treibhausgasen halbieren.* Wie bei den Schaltkreisen handelt es sich nicht um ein Naturgesetz, sondern um ein Drehbuch, das Produzenten und Konsumenten gemeinsam auf der gesellschaftlichen Bühne durchspie-

128   5. Die Lösung des Klimaproblems

len. Denn die Mooresche Faustregel ist unter anderem deshalb seit Jahrzehnten gültig, weil sie als selbsterfüllende Prophezeiung wirkt: Als sich aufgrund der technischen und ökonomischen Umstände nach Erfindung des Transistors einmal ein exponentieller Wachstumstrend der Kapazitäten abzeichnete, zementierte der legendäre Artikel von Gordon Moore aus dem Jahr 1965[168] diesen Trend, indem er eine Fortschrittserwartung schuf. Von da an bezogen die Kunden von Herstellern elektronischer Geräte (vom Schalter bis zum Großrechner) diese quantitative Erwartung in ihre Investitionsplanungen ein. Die Hersteller mussten dann versuchen, mit ihren Angeboten den sich rasch weiterentwickelnden Wunschvorstellungen der Nachfrager hinsichtlich Leistung und Beschaffungskosten weitestgehend zu entsprechen, und so wurde im Wechselspiel – natürlich unterstützt von Skaleneffekten, Konkurrenzdruck, staatlicher F&E-Förderung usw. – die exponentielle Dynamik dauerhaft etabliert.

In analoger Weise könnte ein einfaches, aber ehrgeiziges Narrativ eben auch eine Exponentialdynamik zur Überwindung des fossilen Wirtschaftens anstoßen. Angesichts der immer mehr ins Bewusstsein drängenden Kollateralschäden dieser Betriebsweise zusätzlich zur Klimadestabilisierung – Millionen Menschen weltweit sterben vorzeitig durch Luftverschmutzung im Zusammenhang mit der Förderung und Verbrennung von Kohle, Öl und Gas – und der sich dramatisch verbessernden Rahmenbedingungen für die alternativen Geschäftsmodelle (siehe oben) sind die Erfolgsaussichten alles andere als schlecht. Abbildung 5.3 skizziert die intendierte Entwicklung. Die zitierte Arbeit[131] beginnt nicht nur diese Erzählung, sondern skizziert auch einen expliziten Fahrplan («Roadmap») zum Dekarbonisierungsziel. So sehen die Etappen aus:

Bis 2020 (siehe auch weiter unten) müssten möglichst viele der fast selbstverständlichen Klimaschutzoptionen («No-Brainers») wahrgenommen werden, die bei negativen betriebswirtschaftlichen Kosten – also Nettogewinnen – zur Reduktion der Emissionen beitragen. Die bekannte «Abatement Curve», die McKinsey schon 2007 in die Diskussion eingeführt hat,[169] illustriert diesen Ansatz recht gut. In dieser Kurve werden Maßnah-

Der Pariser Klimavertrag

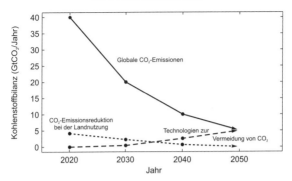

Abb. 5.3: Das Kohlenstoffgesetz: Alle zehn Jahre muss sich der weltweite Ausstoß von Treibhausgasen halbieren. Abbildung nach Rockström et al.[131]

men zur Vermeidung einer Tonne CO_2-Äquivalent nach Wirtschaftlichkeit gereiht und auch ihr Gesamtpotential symbolisiert. Absoluter Gewinner dieser Analyse ist die Gebäude-Isolierung. Jenseits dieser Kurvendiskussion ist klar, dass fiskalische Instrumente wie eine progressive CO_2-Steuer das Pflücken der sprichwörtlichen niedrig hängenden Früchte außerordentlich begünstigen würden.[170]

Dann folgt nach Einschätzung der Studie die schwierigste und entscheidende Dekade, die der «heroischen Anstrengung»: Bis 2030 müssen nämlich auf alle Fälle die Kohleverstromung weltweit beendet und der Verbrennungsmotor auf allen Straßen ausgemustert sein. Gleichzeitig müssen aber auch die Grundlagen für strategische Innovationen im darauffolgenden Jahrzehnt geschaffen werden, etwa Materialien und Techniken für das klimaneutrale Bauen von Städten und Infrastrukturen. Das heißt, dass in dieser Phase endgültig alle F&E-Investitionen von fossilnuklearen Unternehmungen abzuziehen und in nachhaltige Wertschöpfungen umzulenken sind.

In den 2030er Jahren erfolgt dann der endgültige Systemwechsel («Durchbruchsphase»), ohne den die weitere Halbierung der Treibhausgasemissionen unmöglich wäre. Dann müssen kohlenstoffspeichernde Materialien wie Holz und Lehm den Hoch-und Tiefbau dominieren. Dies wirft eine doppelte Dividende für das

130   5. Die Lösung des Klimaproblems

Klima ab, denn statt CO_2 freizusetzen, wie das bei der Herstellung von Beton und Stahl geschieht, wird das beim Wachsen von Bäumen oder Entstehen von Sedimenten gebundene Kohlendioxid für Jahrhunderte weggespeichert. Privathaushalte sind zu energetischen Selbstversorgern geworden, und die Grundstoffindustrie hat ihren Klimafußabdruck auf ein Zehntel reduziert. Die Landwirtschaft ist endlich zu einer nachhaltigen Betriebsweise übergegangen, wo durch Permakultur und artgerechte Tierhaltung weniger Treibhausgase anfallen und ganz nebenbei gesündere Lebensmittel produziert werden. Kurzstreckenflüge, etwa innerhalb von Mitteleuropa, sind völlig sinnlos geworden, weil ein integriertes System von Hochgeschwindigkeitszügen den Ferntransport von Menschen und Gütern weitgehend bewältigt. Durch die digitale Revolution (additive Manufaktur, internetgestütztes verteiltes Arbeiten, virtuelle Konferenzen etc.) ist die Notwendigkeit der physischen Bewegung toter und lebender Massen ohnehin stark reduziert worden. Und so weiter.

Ab 2040 schließlich wird nachgebessert («Vertiefungsdekade»), denn zum einen gilt es, Fehlentwicklungen zu korrigieren bzw. zu beenden. Zum anderen werden sich auf dem Weg der Dekarbonisierung unzählige neue Optionen erschließen, die sich umzusetzen lohnen. So wie die Industrielle Revolution einst einen Funkenregen von Innovationen entstehen ließ, der dann viele kleine und große Feuer des Fortschritts entfachte.

So oder ähnlich könnte das Drehbuch für die Nachhaltigkeitsrevolution also aussehen. Wenn diese überhaupt geschieht, wird sie mit Sicherheit anders verlaufen, aber etliche der oben beschriebenen Neuerungen und Ereignisse dürften wahrscheinlich eine Rolle spielen. Tatsächlich gibt es aus technischer und ökonomischer Sicht unzählige Wege zur Klimastabilisierung, aber man muss sich eben auch auf den Weg machen. Und zwar ohne weiteres Zaudern, denn mit jedem Emissionsjahr erhöht die Menschheit ihre Kohlenstoffschuld, deren Tilgung Tausende von Jahren währen könnte. Deshalb schreiben gewissermaßen die Naturgesetze einen unmittelbaren Handlungsbedarf vor. Dies wird verdeutlicht in einem Artikel, der in der renommierten Wissenschaftszeitschrift *Nature* erschien und von einem Autorenteam um die frühere Generalsekretärin der Klimarahmenkonvention, Christiana Figueres, verfasst wurde.[145] Dort werden insbesondere sechs Meilensteine in den Sektoren Energie, Infrastruktur, Transport, Landnutzung, Industrieproduktion und Finanzwirtschaft vorgestellt, welche die Welt im Jahr 2020 erreicht haben müsste, um die Pariser Ziele nicht aus den Augen zu verlieren. Wie dringlich die Klimawende ist, erschließt sich insbesondere aus der Grafik der Veröffentlichung, die wir hier reproduzieren.

Da, wie mehrfach erläutert, in erster Näherung die kumulierten Emissionen das Ausmaß der Erderwärmung bestimmen, darf der Scheitelpunkt des globalen Ausstoßes nicht später als 2020 erreicht sein. Ansonsten werden Reduktionsmaßnahmen nötig, die sich eigentlich nur im Rahmen einer (globalen!) Kriegswirtschaft realisieren lassen. Doch die Menschen lassen sich leicht zum Kampf gegeneinander verführen, aber nur schwer gewinnen für den gemeinsamen Kampf gegen den zivilisatorischen Untergang.

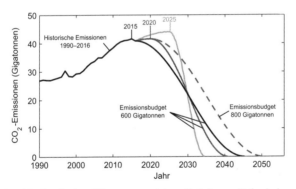

Abb. 5.4: Mit dem Pariser Abkommen vereinbare Emissionsverläufe ab dem Jahr 2017. Die durchgezogenen Linien zeigen ein Emissionsbudget von 600 Milliarden Tonnen CO_2 aus fossilen Quellen und Landnutzung. Je später der Scheitelpunkt der Emissionen überschritten wird, desto früher müssen Null-Emissionen erreicht werden, um im Budget zu bleiben; daher ist zögerliche Politik so fatal. Die gestrichelte Linie zeigt den Verlauf bei Annahme eines großzügigeren Emissionsbudgets von 800 Milliarden Tonnen. Grafik aktualisiert nach Figueres et al.[145] Historische Emissionsdaten vom Global Carbon Project.

Epilog:
Der Geist in der Flasche

Nach der Lektüre dieses Buchs wird der Leser hoffentlich unserer Ansicht zustimmen, dass die Bewältigung des Klimawandels eine Feuertaufe für die im Entstehen begriffene Weltgesellschaft darstellt. Wir haben versucht zu zeigen, dass die Probe heil überstanden, ja sogar als Chance für einen neuen Aufbruch begriffen werden kann. Für diese Perspektive eines nachhaltigen Krisenmanagements gibt es jedoch keine Garantie. Mindestens ebenso wahrscheinlich ist eine «Ultima-Ratio»-Strategie, auf welche die Regierungen zurückgreifen könnten, wenn sie erkennen, dass sie Geschwindigkeit und Wucht der Klimaproblematik unterschätzt haben, und der Ruf nach einer Rosskur für den Planeten lauter wird.

Der entsprechende Flaschengeist, der inzwischen immer ungeduldiger in seinem Behältnis wartet, heißt «Geoengineering». Es gibt keine treffende deutsche Übersetzung für diesen Ausdruck; am ehesten könnte man von «Erdsystemmanipulation» sprechen. Gemeint ist damit der Einsatz von Technologie in planetarischer Größenordnung, um die unerwünschten Umweltfolgen unserer industriellen Zivilisation zu unterdrücken oder gar zu beseitigen. Natürlich regt besonders die Klimaproblematik die Phantasie nicht nur von Wissenschaftlern in diesem Zusammenhang an. Abbildung 5.5 fasst in Cartoon-Form einige der heiß propagierten Ideen der hoffnungsvollen Klima-Ingenieure zusammen.[171]

Die in Abbildung 5.5 skizzierten Optionen zerfallen – wie die Gesamtheit der Vorschläge zur bewussten, großskaligen Klimamanipulation – in zwei Gruppen. Da sind zum einen die *Makro-Vermeidungsstrategien*. Viele Hoffnungen wurden z. B. auf die Stärkung der marinen «biologischen Pumpe» durch künstliche Eisendüngung des Planktons in geeigneten Meeresabschnitten

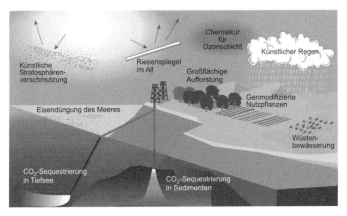

Abb. 5.5: Schematische Darstellung populärer Vorschläge zur großtechnischen Bewältigung des Klimaproblems. (Quelle: Keith[171])

gesetzt – also auf die Stimulation eines natürlichen Mechanismus zur Entfernung von überschüssigem CO_2 aus dem planetarischen Kohlenstoffkreislauf. Neuere Forschungsergebnisse dämpfen diese Hoffnungen stark. Seit einigen Jahren wird auch heftig über künstlich beschleunigte Verwitterung von Mineralien wie Olivin und massive Kalkung der Ozeane diskutiert.[172, 173] Auch mit solchen Verfahren könnte man womöglich gewaltige «negative Emissionen» bewirken und damit der im Pariser Abkommen angepeilten Treibhausgasneutralität näher kommen. Von einer Gruppe um den 2003 verstorbenen «Vater der Wasserstoffbombe», Edward Teller, wurde dagegen die Idee ins Spiel gebracht, die Stratosphäre jährlich mit einigen Raketenladungen an Schwefelpartikeln (Aerosolen) zu beschicken.[174] Solche Partikel werden gelegentlich bei Vulkanausbrüchen in die hohe Atmosphäre geschleudert und sorgen durch Reflektion des Sonnenlichts für künstliche Verdunkelung. Angeblich könnte diese Technik so kalibriert werden, dass die Verstärkung des Treibhauseffekts durch anthropogenes CO_2 gerade ausgeglichen würde – und das zu lachhaft geringen Kosten! Ähnlich geartet, aber noch utopischer ist der Plan, gigantische Spiegel an geeigneten Punkten im Weltall zu stationieren, um der Erderwärmung durch

Ablenkung der Sonnenstrahlung entgegenzuwirken. Eine 2018 erschienene Zusammenschau eines Forscherteams um Mark Lawrence zeigt eindrucksvoll auf, dass alle bisher gehandelten Früchte auf dem Geoengineering-Markt Zitronen sind und aus Sicht der aktuellen Wissenschaft keinen entscheidenden Beitrag zur Umsetzung des Pariser Klimavertrags leisten können.[175]

Und da sind zum anderen die *Makro-Anpassungsstrategien*, die wir nur kursorisch erwähnen wollen und die manche Reminiszenzen an frühere sowjetische Pläne zur großräumigen Manipulation der Umwelt wecken. Zumindest denkbar sind etwa gigantische hydrographische Projekte, wie die Umleitung von Strömen, die Schaffung neuer Meeresverbindungen (wie der in Israel schon lange diskutierte «Red-Dead-Channel») oder das Auffüllen von kontinentalen Becken (wie dem Kongogebiet) zur Stabilisierung des Meeresspiegels. Ähnlich problematische Überlegungen zur Manipulation der Biosphäre in großem Stil werden immer häufiger vorgebracht.

Wir möchten hier betonen, dass die an früherer Stelle erwähnte geologische Kohlenstoffsequestrierung – ebenso wie nachhaltig geplante und durchgeführte Aufforstungsprogramme – nicht zu den eigentlichen Techniken der Erdsystemmanipulation gehört, da solche Ansätze die CO_2-Emissionen an der Wurzel packen. Die anderen der eben skizzierten Optionen haben dagegen eindeutigen «End of the Pipe»-Charakter mit dem unverblümten Ziel, den Pfusch beim BAU wegzuklempnern. Die historische Erfahrung lehrt leider, dass die Menschheit in tiefer Krise nur allzu bereit ist, zu den fragwürdigsten Mitteln zu greifen und den Korken aus der vermeintlichen Wunderflasche zu ziehen.

Dabei ist dies keineswegs nötig, wie wir in Kapitel 5 darzulegen versucht haben: Unsere moderne Weltgesellschaft mit ihren nahezu unbeschränkten Möglichkeiten der nachhaltigen Zukunftsgestaltung sollte stattdessen den Geist der ökonomischen und sozialen Erneuerung aus der Flasche lassen. Die Kräfte, welche die *Industrielle Wende zur Nachhaltigkeit* hervorbringen können, stehen bereit und müssen endlich befreit werden.

Quellen und Anmerkungen

1. Philipona, R., Dürr, B., Marty, C., Ohmura, A. & Wild, M. Radiative forcing – measured at Earth's surface – corroborates the increasing greenhouse effect. Geophysical Research Letters 31 (2004).
2. Arrhenius, S. On the influence of carbonic acid in the air upon the temperature of the ground. The London, Edinburgh and Dublin Philosophical Magazine and Journal of Science 5, 237–276 (1896).
3. Lorius, C., Jouzel, J., Raynaud, D., Hansen, J. & Le Treut, H. The ice-core record: climate sensitivity and future greenhouse warming. Nature 347, 139–145 (1990).
4. Ruddiman, W. F. Earth's climate: past and future (Freeman, New York, 2000).
5. Rahmstorf, S. Timing of abrupt climate change: a precise clock. Geophysical Research Letters 30, 1510 (2003).
6. EPICA Community Members. Eight glacial cycles from an Antarctic ice core. Nature 429, 623–628 (2004).
7. Petit, J. R. et al. Climate and atmospheric history of the past 420,000 years from the Vostok ice core, Antarctica. Nature 399, 429–436 (1999).
8. Kasting, J. F. & Catling, D. Evolution of a habitable planet. Annual Review of Astronomy and Astrophysics 41, 429–463 (2003).
9. Walker, G. Schneeball Erde (Berliner Taschenbuch Verlag, Berlin, 2005).
10. Royer, D. L., Berner, R. A., Montañez, I. P., Tabor, N. J. & Beerling, D. J. CO_2 as a primary driver of Phanerozoic climate. GSA Today 14, 4–10 (2004).
11. Rich, T. H., Vickers-Rich, P. & Gangloff, R. A. Polar dinosaurs. Science 295, 979–980 (2002).
12. Zachos, J., Pagani, M., Sloan, L., Thomas, E. & Billups, K. Trends, rhythms, and aberrations in global climate 65 Ma to present. Science 292, 686–693 (2001).
13. Milankovitch, M. (ed.). Mathematische Klimalehre und astronomische Theorie der Klimaschwankungen (Borntraeger, Berlin, 1930).
14. Loutre, M. F. & Berger, A. Future climatic changes: are we entering an exceptionally long interglacial? Climatic Change 46, 61–90 (2000).
15. Paillard, D. Glacial cycles: Toward a new paradigm. Reviews of Geophysics 39, 325–346 (2001).
16. Crutzen, P. J. & Steffen, W. How long have we been in the Anthropocene era? Climatic Change 61, 251–257 (2003).
17. Ganopolski, A., Rahmstorf, S., Petoukhov, V. & Claussen, M. Simulation of modern and glacial climates with a coupled global model of intermediate complexity. Nature 391, 351–356 (1998).
18. Dansgaard, W. et al. Evidence for general instability of past climate from a 250-kyr ice-core record. Nature 364, 218–220 (1993).
19. Severinghaus, J. P. & Brook, E. J. Abrupt climate change at the end of the last glacial period inferred from trapped air in polar ice. Science 286, 930–934 (1999).
20. Severinghaus, J. P., Grachev, A., Luz, B. & Caillon, N. A method for precise measurement of argon 40/36 and krypton/argon ratios in trapped air in polar ice with applications to past firn thickness and abrupt climate change in Greenland

136   *Quellen und Anmerkungen*

and at Siple Dome, Antarctica. Geochimica Et Cosmochimica Acta 67, 325–343 (2003).

21. Voelker, A. H. L. & workshop participants. Global distribution of centennial-scale records for marine isotope stage (MIS) 3: a database. Quaternary Science Reviews 21, 1185–1214 (2002).

22. Ganopolski, A. & Rahmstorf, S. Rapid changes of glacial climate simulated in a coupled climate model. Nature 409, 153–158 (2001).

23. Rahmstorf, S. Ocean circulation and climate during the past 120,000 years. Nature 419, 207–214 (2002).

24. Heinrich, H. Origin and consequences of cyclic ice rafting in the northeast Atlantic Ocean during the past 130,000 years. Quaternery Research 29, 143–152 (1988).

25. Teller, J. T., Leverington, D. W. & Mann, J. D. Freshwater outbursts to the oceans from glacial Lake Agassiz and their role in climate change during the last deglaciation. Quaternary Science Reviews 21, 879–887 (2002).

26. Claussen, M. et al. Simulation of an abrupt change in Saharan vegetation in the mid-Holocene. Geophysical Research Letters 26, 2037–2040 (1999).

27. deMenocal, P. et al. Abrupt onset and termination of the African Humid Period: rapid climate responses to gradual insolation forcing. Quaternary Science Reviews 19, 347–361 (2000).

28. Barlow, L. K. et al. Interdisciplinary investigations of the end of the Norse Western Settlement in Greenland. The Holocene 7, 489–499 (1997).

29. PAGES 2k Consortium. A global multiproxy database for temperature reconstructions of the Common Era. Nature Scientific Data 4, 170 088 (2017).

30. Marcott, S. A., et al. A Reconstruction of Regional and Global Temperature for the Past 11,300 Years. Science 339, 1198–1201 (2013).

31. Rahmstorf, S. Paleoclimate: The End of the Holocene. Realclimate (2013) http://www.realclimate.org/index.php/archives/2013/09/paleoclimate-the-end-of-the-holocene/

32. Eine knappe und gut lesbare Geschichte des Treibhausproblems hat der Wissenschaftshistoriker Spencer Weart in seinem Buch The Discovery of Global Warming vorgelegt (Harvard University Press 2003, 240pp.).

33. Climate Research Board. Carbon Dioxide and Climate: A Scientific Assessment (National Academy of Sciences, Washington, DC, 1979).

34. IPCC – Intergovernmental Panel on Climate Change (ed.). Climate Change: The IPCC Scientific Assessment (Cambridge University Press, Cambridge, 1990).

35. IPCC. Climate Change 1995 (Cambridge University Press, Cambridge, 1996).

36. IPCC. Climate Change 2001 (Cambridge University Press, Cambridge, 2001).

37. IPCC. Climate Change 2007 (Cambridge University Press, Cambridge, 2007).

38. IPCC. Climate Change 2013 (Cambridge University Press, Cambridge, 2013).

39. Suess, H. E. Radiocarbon concentration in modern wood. Science 122, 415–17 (1955).

40. Sabine, C. L. et al. The oceanic sink for anthropogenic CO_2. Science 305, 367–371 (2004).

41. Feely, R. A. et al. Impact of anthropogenic CO_2 on the $CaCO_3$ system in the oceans. Science 305, 362–366 (2004).

42. Lucht, W. et al. Climatic control of the high-latitude vegetation greening trend and Pinatubo effect. Science 296, 1687–1689 (2002).

43. Parker, D. E. Climate – Large-scale warming is not urban. Nature 432, 290–290 (2004).

44. http://data.giss.nasa.gov/gistemp/tabledata/GLB.Ts+dSST.txt

45. www.pik-potsdam.de/services/klima-wetter-potsdam

Quellen und Anmerkungen

46. Ein gutes online-Werkzeug zur Berechnung von Trends in den verschiedenen globalen Temperaturdatensätzen findet sich bei der York University: http://www.ysbl.york.ac.uk/~cowtan/applets/trend/trend.html

47. Solanki, S. K. & Krivova, N. A. Can solar variability explain global warming since 1970? Journal of Geophysical Research 108, 1200 (2003).

48. Hegerl, G. et al. Multi-fingerprint detection and attribution analysis of greenhouse gas, greenhouse-gas-plus-aerosol and solar forced climate change. Climate Dynamics 13, 631–634 (1997).

49. Tett, S. F. B., Stott, P. A., Allen, M. R., Ingram, W. J. & Mitchell, J. F. B. Causes of twentieth-century temperature change near the Earth's surface. Nature 399, 569–572 (1999).

50. Lean, J., Beer, J. & Bradley, R. Reconstruction of solar irradiance since 1610 – implications for climate-change. Geophysical Research Letters 22, 3195–3198 (1995).

51. Foukal, P., North, G. & Wigley, T. A stellar view on solar variations and climate. Science 306, 68–69 (2004).

52. Cheng, L. et al. Improved estimates of ocean heat content from 1960 to 2015. Science Advances 3, e1601545 (2017).

53. Rohling, E. J., et al. Making sense of palaeoclimate sensitivity. Nature 491(7426): 683–691 (2012).

54. Schneider von Deimling, T., Held, H., Ganopolski, A. & Rahmstorf, S. Climate sensitivity estimated from ensemble simulations of glacial climate. Climate Dynamics 27, 149–163 (2006).

55. van Vuuren, D. P., et al. The representative concentration pathways: an overview. Climatic Change 109, 5–31 (2011).

56. Meinshausen, M. et al. The RCP greenhouse gas concentrations and their extensions from 1765 to 2300. Climate Change 109, 213–241 (2011).

57. Mann, M. E. et al. Proxy-based reconstructions of hemispheric and global surface temperature variations over the past two millenia. Proceedings of the National Academy of Sciences of the United States of America 105, 13252–13257 (2008).

58. Steffen, W., et al. Trajectories of the Earth System in the Anthropocene. PNAS 115, 8252–8259 (2018).

59. Lindzen, persönliche Mitteilung.

60. Cramer, W. et al. Comparing global models of terrestrial net primary productivity (NPP): overview and key results. Global Change Biology 5, 1–15 (1999).

61. Paul, F., Kääb, A., Maisch, M., Kellenberger, T. & Haeberli, W. Rapid disintegration of Alpine glaciers observed with satellite data. Geophysical Research Letters 31 (2004).

62. Kornei, K. Kilimanjaro's iconic snows mapped in three dimensions, Eos (2. März 2017).

63. Thompson, L. G. et al. Tropical glacier and ice core evidence of climate change on annual to millennial time scales. Climatic Change 59, 137–155 (2003).

64. Aktuelle Daten zur Meereisbedeckung findet man beim National Snow and Ice Data Center der USA: http://nsidc.org/arcticseaicenews/

65. Kinnard et al. Reconstructed changes in Arctic sea ice over the past 1,450 years. Nature 479, 509–512 (2011).

66. Die aktuellen Daten der GRACE-Mission findet man bei der NASA: https://climate.nasa.gov/vital-signs/ice-sheets/

67. Robinson, A., et al. Multistability and critical thresholds of the Greenland ice sheet. Nature Climate Change 2, 429–432 (2012).

Quellen und Anmerkungen

68. Joughin, I., et al. Marine Ice Sheet Collapse Potentially Under Way for the Thwaites Glacier Basin, West Antarctica. Science 344, 735–738 (2014).
69. Rignot, E. et al. Accelerated ice discharge from the Antarctic Peninsula following the collapse of Larsen B ice shelf. Geophysical Research Letters 31 (2004).
70. Feldmann, J. & Levermann, A. Collapse of the West Antarctic Ice Sheet after local destabilization of the Amundsen Basin. PNAS 112, 14191–14196 (2015).
71. Mercer, J. West Antarctic ice sheet and CO_2 greenhouse effect: a threat of disaster. Nature 271, 321–325 (1978).
72. http://nsidc.org/iceshelves/larsenb2002/
73. DeConto, R & Pollard, D. Contribution of Antartica to past and future sea-level rise. Nature 531, 591–597 (2016).
74. Alley, R. B., Clark, P. U., Huybrechts, P. & Joughin, I. Ice-sheet and sea-level changes. Science 310, 456–460 (2005).
75. Dutton, A., et al. Sea-level rise due to polar ice-sheet mass loss during past warm periods. Science 349, 4019 (2015).
76. Kemp, A., Horton, B., Donnelly, J., Mann, M. E., Vermeer, M. & Rahmstorf, S. Climate realated sea-level variations over the past two millennia. Proceedings of the National Academy of Science of the USA. doi: 10.173/pnas. 1015619108 (2011).
77. Church, J. A. & White, N. J. A 20th century acceleration in global sea-level rise. Geophys. Res. Lett., 33, L01602, doi: 10.1029/2005GL024826 (2006).
78. Cazenave, A. & Nerem, R. S. Present-day sea level change: observations and causes. Reviews of Geophysics 42, 20 (2004).
79. WCRP Sea Level Budget Group. Global sea-level budget 1993 -present. Earth System Science Data 10, 1551–1590 (2018).
80. Rahmstorf, S., et al. Comparing climate projections to observations up to 2011. Environmental Research Letters 7, 044035 (2012).
81. Horton, B. P., et al. Expert assessment of sea-level rise by AD 2100 and AD 2300. Quaternary Science Reviews 84, 1–6 (2014).
82. Schwartz, P. & Randall, D. An abrupt climate change scenario and its implications for United States national security (2003).
83. Rahmstorf, S., et al. Exceptional twentieth-century slowdown in Atlantic Ocean overturning circulation. Nature Climate Change 5, 475–480 (2015).
84. Caesar, L., et al. Observed fingerprint of a weakening Atlantic Ocean overturning circulation. Nature 556, 191–196 (2018).
85. Levermann, A., Griesel, A., Hofmann, M., Montoya, M. & Rahmstorf, S. Dynamic sea level changes following changes in the thermohaline circulation. Climate Dynamics 24, 347–354 (2005).
86. Claussen, M., Ganopolski, A., Brovkin, V., Gerstengarbe, F.-W. & Werner, P. Simulated global-scale response of the climate system to Dansgaard/Oeschger and Heinrich events. Climate Dynamics 21, 361–370 (2003).
87. Schmittner, A. Decline of marine ecosystem caused by a reduction in the Atlantic overturning circulation. Nature 434, 628–633 (2005).
88. Zickfeld, K., et al. Expert judgements on the response of the Atlantic meridional overturning circulation to climate change. Climatic Change 82(3–4): 235–265 (2007).
89. Coumou, D., et al. Global increase in record-breaking monthly-mean temperatures. Climatic Change 118(3–4): 771–782 (2013).
90. Sherwood, S. C. & Huber M. An adaptability limit to climate change due to heat stress. PNAS 107, 9552–9555 (2010).
91. Robine, J. M. et al. Death toll exceeded 70,000 in Europe during the summer of 2003. Comptes Rendus Biologies 331, 171–178(2008).

Quellen und Anmerkungen

92. Lehmann, J., et al. Increased record-breaking precipitation events under global warming. Climatic Change 132, 501–515 (2015).
93. Velden, C. et al. Reprocessing the Most Intense Historical Tropical Cyclones in the Satellite Era Using the Advanced Dvorak Technique. Monthly Weather Review 145, 971–983 (2017).
94. Emanuel, K. Assessing the present and future probability of Hurricane Harvey's rainfall. PNAS 114, 12 681–12 684 (2017).
95. Sobel, A. H. et al. Human influence on tropical cyclone intensity. Science 353, 242–246 (2016).
96. Coumou, D. et al. The weakening summer circulation in the Northern Hemisphere mid-latitudes. Science 348, 324–327 (2015).
97. Petoukhov, V., et al. Quasiresonant amplification of planetary waves and recent Northern Hemisphere weather extremes. PNAS 110, 5336–5341 (2013).
98. Lehmann, J. & Coumou, D. The influence of mid-latitude storm tracks on hot, cold, dry and wet extremes. Nature Scientific Reports 5, 17 491 (2015).
99. Root, T. L. et al. Fingerprints of global warming on wild animals and plants. Nature 421, 57–60 (2003).
100. Steffen, W. (ed.). A Planet Under Pressure – Global Change and the Earth System (Springer, Berlin, 2004).
101. Guiot, J. & W. Cramer Climate change: The 2015 Paris Agreement thresholds and Mediterranean basin ecosystems. Science 354: 456–468 (2017).
102. Halloy, S. R. P. & Mark, A. F. Climate-change effects on alpine plant biodiversity: A New Zealand perspective on quantifying the threat. Arctic Antarctic And Alpine Research 35, 248–254 (2003).
103. Thomas, C. et al. Extinction risk from climate change. Nature 427, 145–148 (2004).
104. Hughes, T. P. et al. Spatial and temporal patterns of mass bleaching of corals in the Anthropocene. Science 359, 80–83 (2018).
105. Rosenzweig, C. et al. Assessing agricultural risks of dimate change in the 21st century in a global gridded crop model inter comparison. PNAS 111, 3268–3273 (2014).
106. Solow, A. R. et al. The value of improved ENSO prediction to US agriculture. Climatic Change 39, 47–60 (1998).
107. Süss, J. Zunehmende Verbreitung der Frühsommer-Meningoenzephalitis in Europa. Deutsche medizinische Wochenschrift 130, 1397–1400 (2005).
108. The World Health Organization. The World Health Report 2002. WHO, Genf (2002).
109. Oreskes, N. Beyond the ivory tower – The scientific consensus on climate change. Science 306, 1686 (2004).
110. Boykoff, M. T. & Boykoff, J. M. Balance as bias: global warming and the US prestige press. Global Environmental Change-Human And Policy Dimensions 14, 125–136 (2004).
111. Brulle, R. J. Institutionalizing delay: foundation funding and the creation of U. S. climate change counter-movement organizations. Climatic Change 122, 681–694 (2013).
112. Supran, G. & Oreskes, N. Assessing ExxonMobil's climate change communications (1977–2014). Environmental Research Letters 12, 084 019 (2018).
113. Rahmstorf, S. Fake News, gehackte Mails & Co – das kennen Klimaforscher längst. https://scilogs.spektrum.de/klimalounge/fake-news-gehackte-mails-co-das-kennen-klimaforscher-laengst/
114. www.pipa.org/OnlineReports/ClimateChange/html/climate070505.html

140 Quellen und Anmerkungen

115. Rahmstorf, S. Die Klimaskeptiker, in Wetterkatastrophen und Klimawandel – Sind wir noch zu retten? (ed. Münchner Rückversicherung) (2004).
116. https://scilogs.spektrum.de/klimalounge
117. Der Spiegel, 4.10.2004, Interview mit H. von Storch.
118. Rahmstorf, S. Paläoklima: Die Hockeyschläger-Debatte. https://scilogs.spektrum.de/klimalounge/palaeoklima-die-hockeyschlaeger-debatte/
119. www.ipcc.ch
120. Rahmstorf, S. Climategate: ein Jahr danach. https://scilogs.spektrum.de/klimalounge/climategate-ein-jahr-danach/
121. Der britische Chief Scientist, Sir David King, hat die drei genannten Fundamentaloptionen in einem brillanten Artikel mit dem Titel «Climate Change Science: Mitigate, Adapt or Ignore» (Science 303, 176–177 (2004)) diskutiert.
122. Schewe, J. & Levermann, A. A statistically predictive model for future monsoon failure in India. Environ. Res. Lett. 7, 044023 (2012).
123. World Weather Attribution. at <https://www.worldweatherattribution.org/>
124. Kishore, N. et al. Mortality in Puerto Rico after Hurricane Maria. N. Engl. J. Med. 379, 162–170 (2018).
125. Siehe z. B. Lomborg, B. (ed.). Global Crisis, Global Solutions (Cambridge University Press, Cambridge UK, 2004).
126. Rat der Europäischen Union. Pressemitteilung zur 1939. Ratssitzung Umwelt vom 25.6.1996, Nr. 8518/96 (1996).
127. Enquête-Kommission «Schutz der Erdatmosphäre» des Deutschen Bundestags (Hrsg.). Klimaänderung gefährdet globale Entwicklung. Zukunft sichern – jetzt handeln. Bonn-Karlsruhe (1992).
128. WBGU. Szenario zur Ableitung globaler CO_2-Reduktionsziele und Umsetzungsstrategien. Sondergutachten für die Bundesregierung. WBGU, Bremerhaven (1995).
129. WBGU. Über Kyoto hinaus denken – Klimaschutzstrategien für das 21. Jahrhundert. Sondergutachten für die Bundesregierung (WBGU, Berlin 2003).
130. Schellnhuber, H. J., Rahmstorf, S. & Winkelmann, R. Why the right climate target was agreed in Paris. Nat. Clim. Chang. 6, 649–653 (2016).
131. Rockström, J. et al. A roadmap for rapid decarbonization. Science (80-.). 355, 1269–1271 (2017).
132. WBGU. Welt im Wandel – Energiewende zur Nachhaltigkeit. Springer, Berlin, Heidelberg (2003).
133. WBGU. Kassensturz für den Weltklimavertrag – Der Budgetansatz (WBGU, Berlin 2009).
134. WBGU. Gesellschaftsvertrag für eine Große Transformation (WBGU, Berlin 2011).
135. WBGU. Sondergutachten: Klimaschutz als Weltbürgerbewegung, (WBGU, Berlin 2014).
136. WBGU. Entwicklung und Gerechtigkeit durch Transformation: Die vier großen I's. (WBGU, Berlin 2016).
137. WBGU. Zivilisatorischer Fortschritt innerhalb planetarischer Leitplanken – Ein Beitrag zur SDG-Debatte. 48 (2014).
138. IPCC WG III. Climate Change 2014: Mitigation of Climate Change. Contribution of Working Group III to the Fifth Assessment Report of the Intergovernmental Panel on Climate Change. (Cambridge University Press, 2014).
139. Burke, M., Hsiang, S. M. & Miguel, E. Global Non-Linear Effect of Temperature on Economic Production. Nature 527, 235–39 (2015).
140. Luderer, G. et al. Economic mitigation challenges: How further delay closes the door for achieving climate targets. Environ. Res. Lett. 8, (2013).

Quellen und Anmerkungen

141

141. Wood, P. J. & Jotzo, F. Price floors for emissions trading. Energy Policy 39, 1746–1753 (2011).
142. Creutzig, F. et al. The underestimated potential of solar energy to mitigate climate change. Nat. Energy 2, (2017).
143. Czisch, G. & Schmid, J. Low Cost but Totally Renewable Electricity Supply for a Huge Supply Area – a European/Transeuropean Example. www.iset.uni-kassel. de/abt/w3-w/projekte/WWEC2004.pdf
144. Deutsche Physikalische Gesellschaft. Klimaschutz und Energieversorgung in Deutschland 1990–2020. DPG (2005).
145. Figueres, C., Schellnhuber, H. J., Rockström, J., Hobley, A. & Rahmstorf, S. Three years to safeguard our climate. Nature 546, 593–595 (2017).
146. Pacala, S. & Socolow, R. Stabilization Wedges: Solving the climate problem for the next 50 years with current technologies. Science 305, 968–972 (2004).
147. Hoffert, M. I. et al. Advanced technology paths to climate stability: Energy for a greenhouse planet. Science 298, 981–987 (2002).
148. Kemfert, C. The Economic Costs of Climate Change. Wochenberichte des DIW Berlin, Nr. 1/2005, 43–49 (2005).
149. Steffen, W. et al. Trajectories of the Earth System in the Anthropocene. Proc. Natl. Acad. Sci. 115, 8252–8259 (2018).
150. Siehe etwa Stehr, N. & von Storch, H. Anpassung statt Klimapolitik: Was New Orleans lehrt. Frankfurter Allgemeine Zeitung, Ausgabe vom 21.9.2005, S. 41 (2005).
151. NOAA. at <https://www.ncdc.noaa.gov/billions/events/US/2017>
152. Fleming, D. Tradable Quotas: Using Information Technology to Cap National Carbon Emissions. European Environment 7, 139–148 (1997).
153. C40 Netzwerk. at <https://www.c40.org/>
154. WBGU (Wissenschaftlicher Beirat der Bundesregierung Globale Umweltveränderungen). Der Umzug der Menschheit: Die transformative Kraft der Städte. (2016).
155. Germanwatch. Factsheet Fall Huaraz. at <https://germanwatch.org/de/13750>
156. Action brought on 23 May 2018 – Carvalho and Others v Parliament and Council. (2018). at <https://eur-lex.europa.eu/legal-content/EN/TXT/?uri=uriserv:O J.C_.2018.285.01.0034.01.ENG&toc=OJ:C:2018:285:TOC>
157. Oreskes, N. & Conway, E. Merchants of Doubt. (Bloomsbury Press, 2010).
158. Meinshausen, M. et al. Greenhouse-gas emission targets for limiting global warming to 2°C. Nature 458, 1158–1162 (2009).
159. Schellnhuber, H. J. Selbstverbrennung. (C. Bertelsmann Verlag, 2015).
160. Decision 1/CP.21 Adoption of the Paris Agreement. (2015). at <https://unfccc. int/resource/docs/2015/cop21/eng/10a01.pdf>
161. Papst Franziskus. Enzyklika Laudato Si' über die Sorge für das gemeinsame Haus. (2015).
162. 2020 The Climate Turning Point. Mission 2020 (2017).
163. Climate Action Tracker. Paris Tango. Climate action so far in 2018: individual countries step forward, others backward, risking stranded coal assets. 8 (2018).
164. IPCC. Special Report Global Warming of 1.5°C. (2018). at <http://www.ipcc.ch/ report/sr15/>
165. Millar, R. J. et al. Emission budgets and pathways consistent with limiting warming to 1.5°C. Nat. Geosci. (2017). doi:10.1038/ngeo3031
166. Brown, T. W. et al. Response to ‹Burden of proof: A comprehensive review of the feasibility of 100% renewable-electricity systems›. Renew. Sustain. Energy Rev. 92, 834–847 (2018).
167. Grubler, A. et al. A low energy demand scenario for meeting the 1.5°C target and

Quellen und Anmerkungen

sustainable development goals without negative emission technologies. Nat. Energy 3, 515–527 (2018).

168. Moore, G. Cramming More Components onto Integrated Circuits. Electron. Mag. 38, (1965).

169. McKinsey. A Cost Curve for Greenhouse Gas Reduction. McKinsey Quarterly (2007). at <https://www.mckinsey.com/business-functions/sustainability-and-resource-productivity/our-insights/a-cost-curve-for-greenhouse-gas-reduction>

170. Stiglitz, J. et al. Report of the High-Level Commission on Carbon Prices. Ipcc 68 (2017).

171. Abb. 5.5 ist einem Artikel von David Keith entnommen, der 2001 zusammen mit dem renommierten Umweltwissenschaftler Steve Schneider von der Stanford University das Thema Erdsystemmanipulation diskutiert hat. Schneider, S. H. Earth systems engineering and management. Nature 409, 417–421 (2001); Keith, D. W. Geoengineering. Nature 409, 420 (2001).

172. Kohler, P., Hartmann, J. & Wolf-Gladrow, D. A. Geoengineering potential of artificially enhanced silicate weathering of olivine. Proc. Natl. Acad. Sci. 107, 20 228–20 233 (2010).

173. Keller, D. P., Feng, E. Y. & Oschlies, A. Potential climate engineering effectiveness and side effects during a high carbon dioxide-emission scenario. Nat. Commun. 5, 1–11 (2014).

174. Eine vorsichtig positive Bewertung dieser Technik findet sich bei Crutzen, P. J. Albedo Enhancement by Stratospheric Sulfur Injections: A Contribution to Resolve a Policy Dilemma? Climatic Change 77, 211–219 (2006).

175. Lawrence, M. G. et al. Evaluating climate geoengineering proposals in the context of the Paris Agreement temperature goals. Nat. Commun. (2018).

Literaturempfehlungen

Guy Brasseur, Daniela Jacob und Susanne Schuck-Zöller: Klimawandel in Deutschland (Springer, Heidelberg 2016).

Georg Feulner und Harald Lesch: Das große Buch vom Klima (Komet, Köln 2010).

Alexandra Hamann, Claudia Zea-Schmidt und Reinhold Leinfelder: Die große Transformation. Klima – Kriegen wir die Kurve? (Comic) (Jacoby & Stuart, Berlin 2013).

Michael Mann und Tom Toles: Der Tollhauseffekt (Telepolis Verlag, Hannover 2018).

Naomi Oreskes und Erik M. Conway: Die Machiavellis der Wissenschaft: Das Netzwerk des Leugnens (Wiley VCH, Weinheim 2014).

Papst Franziskus: Enzyklika Laudato si'. Über die Sorge für das gemeinsame Haus (Katholisches Bibelwerk, Stuttgart 2015).

Stefan Rahmstorf und Klaus Ensikat: Wolken, Wind & Wetter. Alles, was man über Wetter und Klima wissen muss (DVA Sachbuch, München 2012).

Hans-Joachim Schellnhuber: Selbstverbrennung (C. Bertelsmann, München 2015).

Klaus Wiegandt (Hrg.): Mut zur Nachhaltigkeit: 12 Wege in die Zukunft (S. Fischer, Frankfurt am Main 2016).

Wissenschaftlicher Beirat der Bundesregierung Globale Umweltveränderungen (WBGU): Welt im Wandel – Gesellschaftsvertrag für eine Große Transformation (WBGU, Berlin 2011).

Wissenschaftlicher Beirat der Bundesregierung Globale Umweltveränderungen (WBGU): Zeit-gerechte Klimapolitik: Vier Initiativen für Fairness, 2018.

Sachregister

8k-Event 24, 26, 65

Aerosole 13, 38 f., 44, 46 f., 133

Anpassung 67, 75 f., 83, 87, 89, 91, 110–113, 115, 123

Antarktis 7 f., 10–12, 23, 33, 42, 55, 58 f., 60–66, 77

Antarktisches Meereis 23, 60, 62

Arktis 9, 37, 55, 57 f., 72, 77 f.

Arktisches Meereis 37, 55, 57, 77 f.

Atlantik(strömung) 24–26, 65–67

Australien 74, 78, 90

Biodiversität 16 f., 73 f.

Biosphäre 33 f., 47 f., 72, 100, 134

China 75, 110, 117, 119

Dansgaard-Oeschger-Ereignisse 24 f.

Dekarbonisierung 89, 125, 126–128, 130

Deutschland 9, 52, 68 f., 76 f., 80, 82, 86, 94, 97 f., 106, 109 f., 127, 133

Dürre 34, 68, 71, 78, 82

Eis 7–26, 28, 30, 33, 37, 40, 42 f., 47 f., 50–52, 54, 56–64, 66, 72 f., 77 f., 125

Eisbohrkern 7–11, 15, 26, 33, 55–57

Eisschelf 10, 60 f.

Eisschild 10 f., 60–64, 125

Sachregister

Eiszeit(en) 9, 12, 18, 21–26, 28, 30, 42 f., 47, 50–52, 61 f., 72 f.
El-Niño 34, 76
Emissionshandel 105, 116, 119–131
Energiebilanz 12–14, 28, 31, 57
Erdgas/-öl 33 f., 105
Europa/EU 11, 21, 65, 69, 71 f., 82, 96, 106 f., 110, 112, 119–124, 130
FCKWs 34, 55
Flüsse 37, 54, 56
Flut 69 f., 78, 85
Fossile Brennstoffe 29, 33, 51 102, 116
Gletscher 8–10, 37, 54–57, 59, 62–64, 77, 85
Grönland(eis) 10 f., 24, 26, 56, 59 f., 62–66, 77, 125
Großbritannien 61, 104, 106, 116, 127
Heinrich-Ereignisse 25
Hitzewelle 68, 76, 125 f.
Hurrikane 70–72, 78, 113–115
Iris-Effekt 50 f.
Kanada 75, 78, 94
Keeling-Kurve 33
Kernenergie 102 f.
Klimarahmenkonvention 95, 97, 99, 111, 121, 131
Klimasensitivität 41–45, 47, 49–51, 65 f., 100
Kohle 33 f., 102, 105 f., 128 f.
Kohlenstoff(kreislauf) 15–20, 23, 27, 34, 47, 52, 100, 102 f., 105, 109, 116 f., 125, 127, 129, 130, 133
Kohlenstoffspeicherung 102 f., 129 f., 134
Kontinentaleis 21, 25, 60
Kopenhagen 100, 111, 113, 120–122, 124

Kosmische Strahlung 50
Kosten-Nutzen-Analyse 92–94, 96
Kyoto-Protokoll 85 f., 98–101, 116, 120–122
Landwirtschaft 25, 54, 56, 71 f., 74–76, 78, 82, 89, 112, 118
Larsen-B-Eisschelf 60 f.
Marrakesch-Fond 111
Meeresspiegel 37, 54, 60–64, 67, 70, 77, 90, 93, 95, 109–111, 125, 134
Meeresströmungen 25–27, 34, 65–67
Meerestemperaturen 36, 70–74
Meteoriten 19 f., 46
Methan 11, 15, 19, 31, 33 f., 48, 59
Milankovitch-Zyklen 21–23, 26
Mittelmeerraum 25, 74, 76
Mitteltemperatur 29, 39, 47, 50–51, 53, 92, 97, 109
Monsun 26, 72, 91
Nachhaltigkeit 101–109, 118 f., 130, 134
Neuseeland 55, 74
New Orleans 70, 113
Niederschläge 11, 35, 53, 55 f., 59, 66, 68 f., 71
Nordatlantik 24 f., 65–67
Ökosysteme 54 f., 71–73, 78, 88, 92, 113
Ozeane 13, 16 f., 20, 23, 28, 34 f., 38, 44, 47, 53 f., 57, 60–67, 110, 133
Ozeanische Zirkulation 28, 54, 57
Ozonloch/-schicht 31, 34, 54 f.
Pazifik 34, 117
Permafrost 48, 58 f., 77
Pinatubo 45, 73

Rio-Konferenz 95
Rückkopplung 16, 22 f., 35, 41 f., 50–52, 59
Russland 11, 106
Schnee 10 f., 16, 22, 25, 53, 59 f.
Sedimente 10–12, 16 f., 19, 25 f., 33, 72, 130
Sequestrierung 102 f., 134
Snowball Earth 16
Solarthermie 105 f., 126
Sonnenaktivität 27, 35, 38–41, 49 f., 52
Strahlungsbilanz/-haushalt 8, 22, 30, 34 f., 41, 53
Taifune 70, 113
Thermohaline Zirkulation 65
Treibhauseffekt 8, 15 f., 19, 30–34, 36, 40, 123, 125, 127, 129 f., 133
Tropische Wirbelstürme 68–72, 113
USA 30, 70, 79–82, 84 f., 99, 108, 117
Vereinte Nationen 84, 90, 94 f., 118, 120, 122
Vermeidung 83, 89–93, 109, 111, 113, 115–117, 123, 129, 132
Verursacherprinzip 110
Vulkane 15 f., 19, 34, 38, 45 f., 49, 73, 133
Wald(brände) 34, 47, 51, 54, 58, 68 f., 72, 74–76, 78, 100
Warmzeit 9, 22 f., 25, 28, 51, 72
Wassermangel 56, 72, 75
Wasserdampf 14, 29, 31, 35 f., 42
Wetterextreme 54, 57, 68–72, 113
Windkraft 102, 105–107
Wolken 32, 42, 50
Wostok-Eiskern 11 f., 23, 42
Wüste 9, 26, 72, 107
Zirkumpolarstrom 65